典型危险化学品事故
应急处置案例汇编

国家安全生产应急救援中心　　组织编写

化学工业出版社

·北京·

内容简介

国家安全生产应急救援中心遴选了38个具有广泛性、借鉴性、典型性的案例，按照化工装置事故、石油化工储罐事故、道路运输事故、其他事故四种事故类型汇总形成本书。书中对每起事故救援案例按照基本情况、事故原因及性质、应急救援情况、救援启示等四部分内容进行介绍，尤其对每起案例应急救援过程进行了详细阐述，旨在为今后救援人员应对同类型事故提供参考借鉴。

本书可供危险化学品专业救援队伍、企业安全管理人员、应急培训教育机构、政府监管部门相关从业者学习参考。

图书在版编目（CIP）数据

典型危险化学品事故应急处置案例汇编 ／ 国家安全生产应急救援中心组织编写. -- 北京 ： 化学工业出版社，2025. 6. -- ISBN 978-7-122-47813-9

Ⅰ. TQ086.5

中国国家版本馆CIP数据核字第20258Z1M50号

责任编辑： 高　宁　宋湘玲　　　　　文字编辑： 王　迪　王玉丽
责任校对： 王鹏飞　　　　　　　　　装帧设计： 韩　飞

出版发行： 化学工业出版社
　　　　　（北京市东城区青年湖南街13号　邮政编码100011）
印　　装： 北京天宇星印刷厂
710mm×1000mm　1/16　印张15　字数263千字
2025年7月北京第1版第1次印刷

购书咨询： 010-64518888　　　　　　售后服务： 010-64518899
网　　址： http://www.cip.com.cn
凡购买本书，如有缺损质量问题，本社销售中心负责调换。

定　　价： 98.00元　　　　　　　　　　　　　版权所有　违者必究

前言

　　应急救援是安全生产的最后一道防线，党中央、国务院高度重视安全生产应急救援工作。党的十八大以来，习近平总书记多次对安全生产应急救援工作作出重要指示批示，在党的二十届二中全会上，专门强调要"加强国家安全生产应急救援队伍建设"，为新形势下加强安全生产应急救援工作指明了发展方向，提供了根本遵循。安全生产应急救援队伍，是国家综合性常备应急骨干力量的重要组成部分。全国现有危险化学品应急救援队伍580支，其中国家专业队伍41支。在国家安全生产应急救援中心的指导下，国家危险化学品应急救援队伍平时注重加强实训演练、练就过硬本领，战时展现救援实力、彰显担当作为，创造了许多经典救援案例，彰显了国家专业队的实力和水平，也在救援实战中积累了丰富的宝贵经验。

　　为贯彻落实《国务院安委会办公室关于进一步加强国家安全生产应急救援队伍建设的指导意见》的有关要求，进一步加强国家危险化学品专业应急救援队伍建设，提升危险化学品事故应急救援的能力，同时为2024年国家危险化学品应急救援队伍总工程师实训班提供有价值的研学资料，国家安全生产应急救援中心面向国家危险化学品应急救援队伍开展了典型救援案例征集。从案例汇齐到出版，已经经过三轮审核修改，其间，分管信息管理部的同志组织信息管理部、指挥协调部以及国家安全生产实训演练及装备测试队（国家安全生产应急救援工程师队）对本书开展审改，国家危险化学品应急救援燕山石化队、天津石化队、中化舟山队、齐鲁石化队、中原油田队、普光队、新疆油田队有关同志参与审改，对他们的辛勤付出在此一并表示感谢。为充分发挥典型救援案例的积极社会效用，我们从国家专业队征集的全部案例中，遴选了38个具有广泛性、借鉴性、典型性的案例，形成了《典型危险化学品事故应急处置案例汇编》。

本书所收集案例按照事故类型分为"化工装置事故、石油化工储罐事故、道路运输事故、其他事故"四部分。每起事故救援案例按照基本情况、事故原因及性质、应急救援情况、救援启示四部分内容进行介绍，尤其对每起案例应急救援过程进行了详细阐述，旨在为今后救援人员应对同类型事故提供参考借鉴，可作为危险化学品应急救援队伍救援人员业务培训资料。

因水平有限，书中不足之处在所难免，恳请读者批评指正并提出宝贵意见。

国家安全生产应急救援中心

目 录

化工装置事故

石油化工储罐事故

道路运输事故

其他事故

化工装置事故

2005年某石化公司双苯厂"11·13"爆炸事故
国家危险化学品应急救援吉林石化队

2005年11月13日13时36分，某石化公司双苯厂发生爆炸事故，造成8人死亡、60人受伤，并引发松花江重大水污染事件，直接经济损失为6908万元。

一、基本情况

（一）事故单位概况

双苯厂系大型化工企业，东西长1100m、南北长750m。双苯厂共有生产装置5套，包括2套苯胺装置、1套苯酚丙酮装置、1套苯酐装置、1套二乙醇胺（DEA）/乙醇胺（MEA）装置，主要原料为纯苯、邻二甲苯、硝酸、硫酸、硝基苯等。

（二）事故现场情况

发生火灾的位置有一处是双苯厂苯胺二车间，该车间于2003年8月25日建成投产，占地面积29992m²，位于厂区东北侧，东邻中部生产基地、南邻水汽车间老循环水泵房、西侧为空地、北邻原料罐区。苯胺装置主要原料和产品是苯、硝基苯、硫酸、硝酸、苯胺。另一处是原料车间，55号原料库占地面积23800m²，位于厂区北侧，东邻某丰农药、西邻苯胺一车间、南邻苯胺二车间、北邻水汽车间循环水装置，主要储存物料为苯、苯胺、硝基苯、邻苯、邻甲苯胺等。

（三）事故发生经过

2005年11月13日，双苯厂苯胺二车间二班班长徐某在班，同时顶替本班休假职工刘某进行硝基苯和苯胺精制内操岗位操作。因硝基苯精馏塔（以下称T102塔）塔釜蒸发量不足、循环不畅，需排放T102塔塔釜残液，降低塔釜液位。集散控制系统（DCS）记录和当班硝基苯精制操作记录显示，10时10分（本案例所用时间未注明的均为DCS显示时间，比北京时间慢1min50s）硝基苯精制单元停车、排放T102塔塔釜残液。根据DCS记录分析、判断得出，操作人员在停止硝基苯初馏塔（以下称T101塔）进料后，没有按照操作规程及时关闭粗硝基苯进料预热器（以下称预热器）的蒸汽阀门，导致预热器内物料气化，T101塔进料温度超过温度显示仪额定量程（15min内即超过了150℃量程的上限）。

11时35分左右，徐某发现超温，指挥硝基苯精制外操人员关闭了预热器蒸汽阀门停止加热，T101塔进料温度才开始下降至正常值，超温时间达70min。恢复正常生产开车时（13时21分），操作人员违反操作规程，先打开了预热器蒸汽阀门加热（使预热器再次出现超温）；13时34分，操作人员才启动T101塔进料泵向预热器输送粗硝基苯，温度较低（约26℃）的粗硝基苯进入超温的预热器后，突沸并发生剧烈振动，造成预热器及进料管线的法兰松动、密封失效，空气吸入系统内，随后空气和突沸形成的气化物，被抽入负压运行的T101塔。13时34分10秒，T101塔和T102塔相继发生爆炸。

受爆炸影响，至14时左右，苯胺生产区2台粗硝基苯贮罐（容积均为150m³，存量合计145t）及附属设备、2个硝酸贮罐（容积均为150m³，存量合计216t）相继发生爆炸、燃烧。与此同时，距爆炸点165m的55号罐区1个硝基苯贮罐（容积1500m³，存量480t）和2个苯贮罐（容积均为2000m³，存量为240t和116t）受到爆炸飞出残骸的打击，相继发生爆炸、燃烧。上述贮罐周边的其他设备设施也受到不同程度损坏。

二、事故原因

（一）直接原因

硝基苯精制岗位外操人员违反操作规程，在停止粗硝基苯进料后，未关闭预热器蒸汽阀门，导致预热器内物料气化；在恢复硝基苯精制单元生产时，再次违反操作规程，先打开了预热器蒸汽阀门加热，后启动粗硝基苯进料泵进料，导致进入预热器的物料突沸并发生剧烈振动，使预热器及管线的法兰松动、密封失效，空气吸入系统，摩擦、静电等原因导致T101塔发生爆炸，并引发其他装置、设施连续爆炸。

（二）间接原因

① 双苯厂安全生产管理制度存在漏洞，安全生产管理制度执行不严格，尤其是操作规程和停车报告制度的执行未落实。

② 双苯厂及苯胺二车间的劳动组织管理存在一定缺陷。

③ 事故单位对安全生产管理中暴露出的问题重视不够，整改不力。

三、应急救援情况

（一）救援总体情况

事故发生后，现场人员启动了事故应急预案，立即向119报警并向有关部门、领导报告，双苯厂迅速成立了抢险救灾现场指挥部。13时45分，消防车赶到事故现场，实施灭火救援，由于事故现场可能存在二次爆炸的危险，消防队员迅速撤离了事故现场。省市及事故单位主要领导接到事故报告后，迅速赶到了现场，启动了应急预案。14时左右，市政府成立了事故应急救援现场指挥部，开始全面指挥爆炸现场紧急救援工作。在停电约2h后，于15时20分恢复供电、供水，16时恢复装置区灭火。14日4时，火势得到基本控制，14日12时，现场明火全部扑灭。

（二）国家危险化学品应急救援吉林石化队处置情况

吉林石化队接到报警后，迅速调派六个大队共计36辆车159人赶赴现场救援。

第一阶段：火速出击、分兵作战。

11月13日13时40分，支队调度室接到报警，某石化公司有机合成厂发生火灾，支队调度室迅速调派消防一大队赶赴现场。13时43分，支队当班总指挥及一大队执勤人员到达火灾现场后，立即进行火情侦察，向技术人员了解情况。有机合成厂乙烯车间F-108号（8号）裂解炉，因遭到双苯厂苯胺二车间装置爆炸坠落物的撞击造成了裂解气管线断裂泄漏起火。同时，双苯厂方向浓烟滚滚、火光冲天。支队当班总指挥立即向支队调度室通报火场情况，迅速调出二、三、四、五及特勤大队全部力量，四大队、特勤大队前往有机合成厂增援，二、三、五大队前往双苯厂苯胺二车间火灾现场进行扑救。

13时50分，四大队、特勤大队相继到达有机合成厂火灾现场，火场总指挥根据火场实际情况和现有的灭火力量，进行战斗部署：①用大量水冷却装置，防止火势蔓延；②采取工艺灭火措施，关闭泄漏管线阀门；③四大队为特勤大队举高喷射消防车供水，强攻火点；④迅速联系工厂给消防水管网加压。各大队接到命令后，一大队继续用4门水炮冷却受火势威胁的装置，特勤大队和四大队迅速展开工作。在强大水流的攻击下，火势迅速减弱，工厂立即组织技术人员关闭管线阀门。14时10分，火点被扑灭，战斗转入冷却降温阶段。一大队、特勤大队、四大队留部分力量继续冷却装置，其他大型水罐车及指战员转移到双苯厂火灾现场。

14时18分，当班总指挥正从有机合成厂调集灭火力量时，接到支队调度室通知，中部生产基地异丁烯罐区受双苯厂火灾爆炸威胁，情况危急。总指挥当即命令四大队教导员带领四号车前往双苯厂增援，副大队长前往中部生产基地异丁烯罐区救援，当车辆行驶距异丁烯罐区300m时，双苯厂方向再次发生爆炸，浓烟夹杂着爆炸碎片飞起数百米高。14时23分，到达异丁烯罐区后，副大队长带领侦察小组对火情进行侦察。经侦察，异丁烯罐区内无被困人员，罐区南侧厂房正处于猛烈燃烧阶段，如不及时控制，火势将威胁异丁烯罐区安全。副大队长迅速布置战斗展开，这时双苯厂方向再次发生爆炸，情况十分危急。爆炸过后，副大队长马上命令中队长清点人数，查看车辆的损坏情况，经查人员无伤亡，但车辆不同程度受损。随后，立即调出两支水枪对起火厂房实施扑救，一班人员负责查找水源，其余人员、车辆撤离至安全地带待命。经过近2h的全力扑救，大火被扑灭，在确认异丁烯罐区没有危险后，中队长向支队调度室请示下一步战斗任务。16时20分，接到支队调度室命令，四大队在中部生产基地所有灭火力量转移到双苯厂火灾现场。

第二阶段：突出重点、力保罐区。

13时40分，距离双苯厂4公里的消防五大队执勤人员听到一声剧烈的爆炸声，发现电石厂方向浓烟滚滚。随即，大队全体执勤人员立即着装出动，同时向支队调度室报告出动情况。行驶途中得知双苯厂发生爆炸起火。14时到达双苯厂火灾现场后，指挥员命令车辆停在苯胺装置区南侧，迅速进行火情侦察。

此时，苯胺车间装置火势呈猛烈燃烧阶段，火场已形成大面积地面流淌火，随时都有再次发生爆炸的可能。指挥员果断采取"先外围、后中间，先地面、后装置"的灭火战术。一号车停于苯胺二车间起火部位南侧出两支水枪扑救地面流淌火；二号干粉车停于起火部位西侧道路上待命；三号泡沫车停在起火装置西南侧出一门移动水炮，先扑救地面流淌火，然后负责冷却着火装置；四号泡沫车停在装置西侧以车间控制室为掩体，出两支泡沫枪扑救火场西侧的地面流淌火；五号水罐车双干线为三号车供水。但爆炸导致苯胺车间加压泵房停电，所有消火栓全部停水，5min后水源严重匮乏，各车相继断水，指挥员立即命令五大队全体转移至安全地带。在撤离过程中，装置区发生了第三次爆炸，此次爆炸未造成人员伤亡，但部分车辆受到不同程度损坏。

14时02分，现场发出刺耳呼啸声，浓烟将整个罐区笼罩，直接威胁罐区西侧2个200m³的氢气球罐，现场迅速组织人员出一门移动水炮对氢气球罐进行冷却，防止其发生爆炸。5min后车载水消耗殆尽，全体人员被迫撤至安全地带。

14时12分，支队长电话询问现场情况，并立即指示"及时向公司领导汇报火场发展变化情况，一定要确保参战人员的安全，全力保障原料罐区安全，防止更大的事故发生"。在通话过程中，装置区发生第四次爆炸。指挥员命令五大队全体人员撤至安全地带后，立即和工厂技术人员召开紧急会议。指挥员下达命令：①五大队迅速清点人数，查看装备损坏情况；②人员不要聚集在一起，注意观察空中下落的爆炸物，防止被砸伤；③突出重点保护罐区战术措施；④分成两个作战小组，分别从北侧、南侧进入罐区，实施灭火。

确定任务后，指挥员带领精干人员深入原料罐区南侧进行火情侦察。发现在原料罐区南侧卸车站台还有十余节满载苯原料的火车槽车停靠在站台内，东侧2个分别为2000m³和1500m³的原料储罐呈敞开式燃烧，1个1500m³的储罐呈塌陷式燃烧，毗邻原料储罐已被烘烤变形并有异响，东、西两侧防护堤内形成大面积地面流淌火。此时，装置区发生第五次爆炸，指挥员带领侦察人员撤离罐区。装置区在第五次爆炸后连续爆炸，指挥员马上命令支队所有大型水罐车辆到装置区西侧消防通道集结。

15时08分，经研究，确定灭火方案，明确分工，清点人员，采用串联供水方法，占据消防水鹤，确保不间断供水，有序组织进攻。

经过90min浴血奋战，罐区大火基本被扑灭。

第三阶段：转战装置、安全搜救。

16时50分，原料罐区火灾基本扑灭，现场指挥部决定留部分力量扑救残火，防止复燃，将灭火力量重点转移到苯胺装置区。此时，整个苯胺二车间装置已经处在一片火海当中，爆炸的残骸、碎片随处可见。还原岗位西侧5个苯罐已经爆炸了3个。现场指挥部根据实际情况，决定采取"放空燃烧、冷却防爆"战术措施。

18时40分，2个储罐内的物料燃尽，装置区还原岗位大火熄灭。

19时05分，支队调度室接到报警，苯胺装置北侧某丰农药厂在撤退清点人员时发现1人失踪，请求帮助。某丰农药厂处于火场下风方向，空气中含有大量有毒气体，爆炸造成的各种残骸给搜救工作带来很大困难。指挥员命令特勤大队组织精干力量组成搜救小组前往营救。由于天黑能见度低、空气中含有大量有毒气体，加上现场一片狼藉，经搜救小组40min反复搜寻，最终在坍塌的包装车间桶堆内，发现被困人员并成功救出，送往医院进行救治。

第四阶段：冷却控制、科学处置。

苯胺车间还原岗位火灾被扑灭后，装置区现场就剩下东、西两侧坍塌的管线残火和硝化工段二层的硝化锅还在向外泄漏物料并在燃烧，装置区东侧管廊已经完全塌落，直径400mm的氢气管线被炸断，燃烧的氢气伴随着高压蒸汽，发出刺耳的声音。硝化工段二层的硝化锅还在燃烧，如不及时冷却还有爆炸的可能。现场指挥部随即制订了冷却降温、放空燃烧、保护环境的战术措施。

20时48分，支队调度室接到报警，中部生产基地重铆车间后侧仓库起火。支队迅速调派一大队赶赴火场扑救。到场经侦察发现，车间后侧仓库起火，仓库内存有机床和大量可燃油料，严重威胁其他车间安全。现场立即出一支水枪开始灭火，同时请求车辆增援。增援车辆赶到火场后，共同将大火扑灭，保护了重铆车间的安全。

21时50分，中部生产基地异丁烯罐区毗邻的一排平房起火燃烧，火势随风蔓延，直接威胁异丁烯罐区安全。一大队车辆到达火场，立即出两支水枪从平房东侧和南侧进行灭火，四号车出两支水枪，一支堵截北侧火势蔓延，一支从东侧对起火部位进行灭火。由于起火面积较大，火势异常凶猛，火场供水出现困难，现场请求支队调派车辆增援。4min后，五大队及时赶到现场，利用大吨位水罐车为一大队供水，保证了火场用水。经过3h的战斗，大火终于被完全扑灭，成功地保护了中部生产基地异丁烯罐区的安全。

一大队在返回双苯厂火灾现场途中，遇到一名工人报警说重铆车间后侧仓库再次起火。现场向支队调度室报告情况后，支队调度室调一大队一、二号车前往灭火。车辆到达火场后，出一支水枪对起火部位进行灭火。由于到场及时，展开迅速，大火很快被扑灭，没有造成更大的损失。

14日08时，现场指挥部下达强攻灭火命令，迅速成立突击队，进入墙体断裂、随时都有坍塌危险的硝化岗位二层，接近火点出一支水枪进行强攻灭火。在近距离灭火作战中，由于泄漏物料过多，火势复燃，为保障人员安全，现场指挥部命令突击队撤回，继续采取冷却降温、放空燃烧、保护环境的战术措施。在硝化工段南侧增加三门水炮继续实施冷却，保证达到最佳冷却效果，最终大火于12时30分全部被扑灭。

四、救援启示

（一）经验总结

① 科技赋能，装备支撑。这次火灾燃烧伴随着爆炸，在十几公里以外都能看到冲天浓烟，都能听到爆炸声。在战斗行动中一般水枪根本难以接近并有效打击火势，移动水炮、车载炮在这次火灾扑救过程中得到了充分的应用，采用流量大、射程远的移动水炮，对强压火势、制止爆炸起到重要作用。

② 临危不惧，敢打善拼。广大指战员临危不惧、勇敢顽强的战斗作风，是这次灭火成功的根本。现场爆炸声不绝于耳，坠落物只要砸到哪里，哪里就将发生一场灾难。但就是在这种情况下，全体指战员无所畏惧，仍然冒着生命危险冲向火场，冲向最前沿。在初战次生爆炸时，二大队、五大队人员仅离爆炸现场10m，参战人员冒着危险奋勇争先，尤其是各级指挥员身先士卒，哪里最危险就出现在哪里，给队员们树立了很好的榜样，为取得最终胜利发挥了巨大作用。

③ 科学决策，严密指挥。此次化工生产装置大面积燃烧爆炸，灭火战斗任务艰巨，参战力量多，扑救时间长。由于建立了严密有效的指挥体系，支队现场指挥部在火场情况不断变化的情况下，集中优势兵力于火场的主要方面，在灭火进攻时做到了两个掌握：一是掌握火势的主要蔓延方向、风向及辐射热的状况；二是掌握火场可调动支配的灭火力量，包括车辆装备、人员、个人防护装备的性能和使用时间等情况。在火场情况复杂、环境恶劣的条件下，各参战力量联合作战，火场秩序井然。特别是当火场发生爆炸时，前线指挥员果断下达撤退命令，确保一线作战人员无伤亡，战斗车辆没有受到严重损坏。

（二）存在问题

① 火场通信比较混乱，现场噪声大、干扰多，通信不畅，给火场指挥带来一定影响。

② 个人防护意识不强，防护装备不具备长时间作战的条件。

③ 现场供水不足，无法保障持续作战。

（三）改进建议

① 根据不同作战任务和队伍，合理分配通信频道。比如，设立指挥频道、灭火行动频道、救援行动频道等，减少信息交叉干扰。

② 提高指战员个人防护意识，定期检查和更新防护装备，确保装备能满足长时间作战的需要。建立装备检查机制，时刻保证装备处于完好状态。

③ 改善消防供水动力系统，建议对消防设施供电进行改造，保障其在应急情况下能够正常使用；同时增加远程供水系统，增加队伍机动灵活作战能力，确保火场供水需求。

2011年某石化分公司重油催化装置"1·19"爆炸事故
国家危险化学品应急救援抚顺石化队

2011年1月19日9时24分09秒，某石化公司石油二厂150万t/a重油催化装置稳定单元发生闪爆事故，造成3人死亡、4人轻伤，直接经济损失486万元，未造成环境污染。

一、基本情况

（一）事故单位概况

石油二厂拥有150万t/a、120万t/a催化裂化，800万t/a常减压蒸馏，240万t/a延迟焦化、石蜡加氢、甲基叔丁基醚（MTBE）、酮苯脱蜡、干气制乙苯等炼油化工生产装置19套，年加工原油能力1150万t，可生产汽油、煤油、柴油、石蜡、石油焦五大类产品，固定资产39.50亿元。

（二）事故现场情况

石油二厂150万t/a重油催化裂化及产品精制装置于2000年8月建成并投产。2003年10月末开始汽油降烯烃改造，采用了辅助提升管反应器加床层的专利技术，主要改造内容有：增加一套汽油反应系统，单独设分馏塔及配套机泵、冷换设备。2004年、2007年、2010年进行了三次计划检修。

重油催化装置稳定单元工作情况：油气分离器D2301出来的凝缩油经泵（P2301/1，P2301/2）加压后分为两路，一路作为冷进料进入解析塔C2302第29层，另一路与稳定汽油换热（E2305/1，E2305/2）至65℃，进入C2302第25层。中间凝缩油在第18层自流抽出后，经解吸塔中间重沸器（E2316）升温后，返回第17层。来自解吸塔底液封盘的凝缩油经解吸塔底部隔板收集，经解吸塔底重沸器E2312被轻柴油加热后，返回解吸塔底。解吸塔底重沸器E2303由分馏塔一中回流供热。脱吸塔气体至E2313/1～E2313/4前与压缩富气混合。

（三）事故发生经过

2011年1月19日9时10分左右，重油催化装置主控室可燃气体报警仪报警，装置操作人员姜某某和沈某立即查看DCS画面。在E2310附近准备作业的维护人员于某某听到"噗"的一声刺耳的响声（介质泄漏速度快发出的），立即跑到控制室告知现场存在物质泄漏。车间主任助理谢某某等7人先后到现场察看，当时由于现场可燃物浓度较高，能见度极差，无法确认具体泄漏部位。

9时15分左右，现场人员全部撤回仪表室。

9时20分左右，为确认具体泄漏位置，操作员赵某和设备员马某某两人分别佩戴空气呼吸器二次进入泄漏现场查找泄漏点。车间主任助理谢某某、安全员佟某某二次进入现场，维护人员黄某跟出控制室。安全员佟某某半路返回，组织现场维护人员撤离。

9时24分09秒，脱乙烷汽油泄漏引发闪爆，并引起局部火灾。

二、事故原因

（一）直接原因

重油催化装置稳定单元E312重沸器壳程下部入口管线上的低点排凝阀，因固定阀杆螺母压盖焊点开裂，阀门闸板失去固定，阀门失效，脱乙烷汽油泄漏（解吸塔操作压力为1.45MPa，温度124℃）、挥发，与空气形成爆炸性混合物，因喷射产生静电导致爆炸。

（二）间接原因

① 物资采购管理有漏洞，产品质量把关不严。阀门是在正常工况下使用的，但发生了自锁焊点断裂，说明阀门本身存在一定缺陷，在物资采购和入库验收过程中，此缺陷没有被发现。

② 存在缺陷的阀门通过进货检验、打压试验等检验环节后被安装使用，对自锁焊点断裂发生事故的阀门是否处于安全完好状态，相关人员职责没有履行到位，均未能及时发现并加以整改，最终导致物料泄漏酿成事故。

③ 事故应急管理标准不完善。石油化工企业，在易燃易爆介质泄漏的应急处理中，没有明确的与泄漏状态相对应的管理标准，现场人员缺乏对风险的正确分析和判断，应急处理能力不足，冒险进行抢险处置，造成了事故的扩大。

④ 由于国家标准对该型阀门焊点大小及手轮与压盖的间隙没有明确规定，企业也没有明确这两项作为检查内容进行管理，加之操作人员不具备阀门的专业知识，是隐患没有及时被发现的客观原因。

三、应急救援情况

（一）救援总体情况

1. 事故救援

2011年1月19日9时24分09秒，脱乙烷汽油泄漏引发闪爆后，该装置内操作工作人员立即切断进料并开启放空系统进行泄压。公司立即启动应急预案，并调集消防力量组织灭火施救，加强现场环境监测，及时启动三级防控设施，调整污水厂各单元的操作，避免了环境污染。

事故发生后，企业所在市政府紧急调动全市消防力量，进行增援。企业所在省其他市也增派消防力量支援。政府和企业联动，控制了火势，避免了事故扩大，截至1月20日4时15分，明火被完全扑灭。

2. 人员施救

事故发生后，在消防救援人员灭火的同时，伤者被送往医院进行救治，并由石油二厂重油催化车间对当班人员情况进行核实。经生产车间反复核查，发现有3名员工始终未报到，在得知3名员工下落不明后，马上通知消防战士，告知在灭火作战的同时，要注意搜救、搜索事故火场是否有人员存在。同时，石油二厂保卫部迅速展开救援、搜索、保卫工作。某石化医院增派医疗救护人员及医疗救护车到现场待命。

当日16时30分，火势得到有效控制。17时左右，通过事故火场消防战士提供的信息，在装置稳定区地面发现了1名遇难者。在火尚未被扑灭的情况下，石油二厂保卫部干事在消防救援人员的掩护下进入事故火场，将遇难者谢某某抬出，送到兰山殡仪馆。

1月20日4时15分，残余明火被全部扑灭。除发现1名遇难者外，尚有2名失踪者赵某、马某某未找到。

现场火点全部熄灭后，在确保安全的情况下，石油二厂保卫部每4人一组，分三组立即进入事故现场，连续24h不间断对失踪人员进行搜索。

1月20日天亮后，事故抢险现场指挥部立即制订了抢险救援安全保障措施，组织近500名施工人员、一台机镐，以"事故爆炸点"为中心，从装置西侧检修通道入口开始，在确保安全的前提下，清理地面积冰，仔细进行失踪人员搜索。全体参战人员克服天气寒冷、事故现场环境复杂的困难，经过160h的不懈努力，于1月26日9时23分，在泄漏点E2312换热器壳层入口排凝阀西南方向直线距离3.7m的换热器南封头西侧，发现第1名失踪者，经辨认是操作员赵某；

于10时42分，在泄漏点E2312换热器壳层入口排凝阀正南方向直线距离2.8m的换热器南封头正下方，发现另1名失踪者，经辨认是设备员马某某。至此，爆炸事故搜救结束。

（二）国家危险化学品应急救援抚顺石化队处置情况

抚顺石化队接到报警后，迅速出动10辆消防车赶赴火场。同时，抚顺石化队召集班子成员立即率领支队机关相关部室同志共计44人赶赴火场。

9时26分，二大队出动力量到达火场后，经外部观察发现装置破坏严重、火势燃烧异常猛烈、火场时有闪爆现象发生、火场内部情况不明，二大队长随即命令所有人员和车辆做好战斗准备，并迅速组织侦察小组，由二大队战训员带领2名班长对火场进行侦察。

9时30分，支队火警受理中心根据战训副支队长命令，先后调派腈纶分队3辆泡沫消防车、一大队5辆泡沫消防车、三大队5辆泡沫消防车、洗化分队2辆泡沫消防车赶赴火场实施增援。

与此同时，公司和支队领导相继到达火灾现场，迅速启动公司应急预案，成立了由公司总经理、党委书记、副总经理及公司各职能部门参与的现场总指挥部，由战训副支队长担任现场前沿总指挥。根据火场各火点分布情况，现场总指挥部成立东北和西南两个前沿火场战斗段，东侧和北侧由作战训练部长带领战训员负责组织指挥灭火；西侧和南侧由作战训练部战训员负责组织指挥灭火，坚决贯彻"先控制、后消灭"战术指导思想并运用"堵截、冷却、防护、围攻"的战术方法堵截火势，防止火势的继续蔓延扩大和设备爆炸的发生，在灭火的同时控制前方参战人员数量。

第一阶段：积极防御、冷却防爆，防止火势蔓延扩大。

由于火灾现场燃烧面积较大，火场中心情况不明，随时可能发生意想不到的事情，火势向外扩散的威胁极大，现场总指挥部根据"确保重点、冷却防爆、固移结合"的原则，迅速布置战斗任务。首先，由副支队长和二大队大队长带领泡沫消防车204P（卢森宝亚）近战灭火，从仪表室北侧靠近火场，接199号消火栓，用车载炮出水对脱硫泵房、换热器区上部硫化氢罐和液化气罐进行2h的冷却，防止硫化氢罐发生爆炸，成功堵截火势向脱硫塔方向蔓延。

随后，作战训练部部长带领二大队2名同志，利用201号消火栓在换热区和露天泵房布置2门布利斯自摆水炮，出水对油气分离器和精制泵房进行18h的冷却，控制了火焰烘烤周围的容器和设备，避免了设备容器发生爆炸。同时，作战训练部战训员带领泡沫消防车203P（斯太尔泡沫）上的2名同志，在距离西侧渣油管线爆裂火点15m处，架设了1门布利斯自摆水炮，随后又利用195号消火栓架设1门克鲁斯移动炮，出水冷却厂系统循环管带18h，控制厂系统循环管带免受大火烘烤，避免发生管线爆裂和管架坍塌，成功保护了受火势威胁的91单元成品油罐区。

9时45分，第一增援力量腈纶分队到场，队长、副队长根据现场总指挥部的命令，部署泡沫消防车402P（斯太尔泡沫）在重油催化装置南侧架设1门布利斯自摆水炮，冷却厂系统循环管带，泡沫消防车403P负责供水；泡沫消防车401P利用194号地上消火栓架设了1门布利斯自摆水炮冷却保护厂系统循环管带和D2306富气放火炬凝液罐。

10时20分，第二增援力量一大队5台战斗车辆到达火场，大队长、副大队长向火场前沿总指挥请示任务后，安排本队举高喷射消防车103J（32m高喷）出车载炮对吸收稳定塔和西侧换热区D2301分液罐实施冷却保护，防止D2301发生爆炸和吸收塔因长时间的燃烧发生倾斜或倒塌。

10时23分，第三增援力量三大队5辆消防车从西门进入火场。

10时30分，第四增援力量洗化分队2辆泡沫车到达火场。

现场指挥部根据现场火势并估算战斗持续时间，决定由战训副支队长负责前沿灭火指挥，防火副支队长、政委和装备副支队长3人分别负责协调集团公司和省市公安消防负责同志以及公司和支队机关部室同志，进一步落实到场增援力量、人员饮水就餐和装备器材及油料物资补给供应等相关工作。

10时40分，到场所有参战力量，在东南西北四个方向对火场形成了整体围攻态势。各战斗段根据各阵地的实际情况，灵活、果断采取"堵截包围、穿插分割、上下合击、四面夹攻"等战术措施，成功堵截火势蔓延和扩散，保护火场内多个容器和储罐等重点部位，使火势发展得到有效控制。

11时40分，现场指挥部从火场观察员和装置工艺人员处了解到，火灾现场有多处漏点，喷射的火焰直接烘烤周围的容器和管线，火场随时有发生爆炸的危险。根据了解到的情况，立即组织消防人员配合装置工人采取相关工艺措施，进入现场关闭地沟渣油管线阀门和厂系统循环管带等相关管线的阀门，控制油气继续泄漏。同时，根据现场情况调整各水炮阵地，部署第二阶段战斗任务。

第二阶段：调整阵地，加强重点部位的冷却保护，防止设备倒塌和容器爆炸。

闪爆造成装置内多条管线断裂和塌落，设备、容器和管线中充满了物料，火势异常凶猛，根据现场火势威胁的情况，指挥部将阵地力量进行适当调整，并制订下一阶段战斗任务，"严防死守、稳步推进、加强重点部位保护、防止设备容器发生爆炸"，前沿灭火指挥员迅速组织调整和进行部署。

首先，命令泡沫消防车204P（卢森宝亚）向前推进30m，继续使用车载炮出水11h压制脱硫泵房的火势，协调后方消防车为其继续供水，防止火势向脱硫塔区蔓延，成功控制和冷却周围的设备管线，避免大火烘烤发生爆炸。

同时，作战训练部战训员带领二大队人员进到装置腹地，将2门布利斯自摆水炮向燃烧区推进20m，近距离冷却保护油气分离器，防止其发生爆炸。

命令泡沫消防车205P（斯太尔泡沫）调整到193号消火栓出1门布利斯自摆水炮，冷却轻质油泵区控制火势。

命令泡沫消防车402P调整到装置南侧出1门布利斯自摆水炮，出水控制轻质油泵区、保护气压机室。

由于D2201油气分离器下部阀门发生泄漏，地面形成大面积流淌火，油气分离器底部形成锅底式燃烧，指挥员在保证冷却力量的同时，安排二大队2名同志利用举高喷射消防车502J（16m高喷）出的2支PQ16泡沫枪，出泡沫扑救油气分离器下部的地面流淌火，成功扑灭油气分离器火灾，防止爆炸发生。同时，对换热器区地面进行泡沫覆盖，防止火势蔓延，协调后方消防车为举高喷射消防车502J供水。

作战训练部战训员殷某带领王某、郭某等人在重油催化装置西侧（地沟小桥上），架设1门布利斯自摆水炮，出水冷却轻质油泵区和气压机D2306富气放火炬凝液罐，防止D2306受大火烘烤而发生爆炸。

随着灭火工作顺利进行，各战斗段指挥员密切注意和观察火场的火势变化情况，灵活掌控、适时调整，火场各火点的火势逐渐被控制、消灭，水炮阵地稳步向前推进。12时15分左右，火场前沿总指挥接到观察员的报告，火场中心部位的吸收塔由于上部受到火焰的烘烤，向东侧倾斜10°左右，火场指挥部根据这一重要情况迅速通知各水炮阵地调整移动炮，人员快速撤离该装置，同时加大吸收稳定塔的冷却力量。

当时吸收稳定塔西侧有一大队32m高喷正在对其进行冷却灭火，北侧有一辆云梯车也在对吸收稳定塔进行射水，火场前沿总指挥通过现场观察，发现吸收塔上部50m和65m处有两处火点燃烧猛烈。为了能够达到对吸收塔"立体围攻、全面控制"的目的，战训副支队长迅速将举高喷射消防车212J（56m高喷）从南侧阵地调整至装置北侧，出车载炮对吸收塔中上部火点实施压制并冷却塔壁，防止吸收塔变形加剧倒塌。另外，协调云梯车向后撤，给56m举高喷射消防车让位，并安排消防车为56m举高喷射消防车供水，有效地控制了吸收塔火势。

13时40分左右，在西侧阵地多门移动炮的近战围攻下，地沟和管廊的火势逐渐减弱。火场指挥部随即进行调整，命令一大队举高喷射消防车103J（32m高喷）在吸收塔北侧架设1门克鲁斯移动炮，出泡沫对稳定塔底部和精制泵房火势进行扑救。15时20分左右将稳定塔底部火灾彻底扑灭，改出2支19mm水枪出水，近距离对吸收塔底部进行冷却，成功扑救火灾，防止火势蔓延。

16时左右，整个火场已被彻底控制，各个水炮、水枪阵地逐步向中心区域靠拢，火场火势大部分被消灭。

17时左右，产品精制区西侧火点扑灭。现场还有吸收塔上部、D2201油气分离器底部和轻质油泵区三处火点仍在持续燃烧，火场指挥部根据火场情况，部署第三阶段战斗任务。

第三阶段：抓住战机、扩大战果，有效遏制火势。

17时15分，火场指挥部安排抢险救援车，在精制区北侧负责火场13h的照明，并协调二厂相关部门为火场提供照明。

在西侧阵地，一大队、三大队继续对设备和管线进行冷却降温，防止已被扑灭的大火发生复燃。

23时40分，火场指挥部和二厂生产工艺人员研究，利用水封的方法将油气分离器的火扑灭。火场指挥部调派二大队泡沫消防车203P（斯太尔泡沫）出一条干线，并安排2名消防员和车间操作工人登上装置换热区四层平台，从油气分离器上部管线阀门连接水带进行水封灭火。20日3时36分左右，油气分离器火被彻底扑灭。

20日1时25分左右，火场指挥部根据情况判断，轻质油泵区油料泄漏量在逐渐减少，决定对轻质油泵区的火势发起进攻，调集二大队泡沫消防车205P（斯太尔泡沫）在轻质油泵区再出1门克鲁斯移动炮，此时阵地上共有2门布利斯自摆水炮出水冷却压制火势、1门克鲁斯移动炮出泡沫灭火。3时38分，轻质油泵区内的火被扑灭。

在北侧阵地，安排56m举高喷射消防车向吸收塔射水压制火点，冷却塔壁，4时15分吸收塔的火被彻底扑灭，之后持续冷却吸收塔近2.5h。至此，火场明火全部被扑灭，现场指挥部安排其他增援单位陆续撤离火场归队，迅速恢复战备。

第四阶段：冷却监护、检查现场，防止复燃。

火场指挥部根据现场扑救情况，留守作战训练部人员和辖区二大队战斗车辆及人员在现场继续对危险部位进行冷却监护，并组织相关人员对现场进行全面排查，消灭隐蔽火点，防止复燃。

6时50分左右，排查发现吸收塔发生复燃，火点位于吸收塔底，迅速利用PQ16泡沫枪向火点喷射泡沫灭火，于1月20日7时40分彻底将残火扑灭。至此，重油催化装置所有火点都被彻底扑灭，随后支队与起火单位负责人进行现场交接，并继续留消防车辆现场监护。

在这起火灾事故中，抚顺石化队共出动消防战斗车辆28辆、指战员200人。灭火用时22h15min，总用水量约23070t、泡沫液26t。

四、救援启示

（一）经验总结

一是高度重视，科学决策。事故发生后，事故单位及省市各级领导高度重视，亲临火灾现场指导灭火救援工作。在整个灭火救援工作中救援人员体现出很强的战术意识、环保意识和安全意识，组织严密、科学决策，为灭火救援工作提供了决策依据和有力的技术支撑，对成功完成此次灭火救援任务起到了决定性的作用。

二是响应迅速，力量充足。各级指挥员响应迅速，调集的力量及时充足。闪爆后，抚顺石化队迅速赶赴火场组织指挥灭火作战。战训副支队长在去火场途中观察到现场的情况，意识到火情的严重性，按照消防支队应对重特大火灾事故最高级别处理，迅速通知火警受理中心调集其他消防站力量立即增援。战斗开始后，各队通知休班人员到场进行增援，休班人员接到通知后相互转告，纷纷赶赴火场投入灭火战斗，充足的战斗力量为成功扑救大火提供了重要保障。

三是指挥有方，战术得当。火灾发生后，公司迅速成立现场指挥部，支队领导到达火场，立即对火场展开火情侦察，研究对策、采取措施。迅速成立东西两个火场前沿战斗段，分别布置各战斗段的任务，有条不紊地实施灭火救援行动，坚决贯彻"先控制、后消灭"的战术思想，遵循了"集中调集和集中使用灭火力量"的原则，出色地运用了"堵截、冷却、防护、围攻"等战术措施，防止火势蔓延、加大重点部位的冷却和保护力度，防止爆炸和倒塌的发生，抓住战机一举扑灭火灾。根据火情变化随机应变、科学应对，适时调整阵地，及时调集56m举高喷射消防车重点保护吸收塔，这一系列的战术措施果断而有成效。

四是重点突出，执行有效。现场指挥部成立后，确定四个保护重点，一是东部分馏、反应-再生系统；二是西部厂系统循环管带和91单元汽油罐区；三是北部产品精制脱硫系统；四是吸收稳定塔，根据火势的变化灵活运用各种战术和措施。通过全体指战员奋力扑救，最大限度地减少了火灾损失，成功保住了分馏及反应-再生系统、厂系统循环管带、成品油罐区、气压机、热油泵房和产品精制区等装置（火灾后精制区退出约200t液化气和大量硫化氢气体），有效阻止了火灾蔓延态势，防止了稳定塔、吸收塔倒塌，最大限度遏制了次生灾害的发生和造成环境污染，全体参战人员实现了零伤亡。

五是联动响应，协同有力。火灾发生后，抚顺石化队立即启动了支队区域联合作战预案，一次性调动支队内部各大队、分队执勤力量赶赴火场增援作战，同时向公安消防增援力量及时介绍火场情况和采取的灭火战术措施。在上级指挥员到场后，立即移交了火场指挥权，战斗中与公安消防队密切配合、通力合作，在阵地移交、信息互通以及进攻时的相互衔接配合都有条不紊，相互之间的协同作战能力得到进一步锻炼和提升。此次火灾扑救共动用了省内七个市的消防力量，火灾扑救工作在现场指挥部的协调指挥下有序进行。

六是英勇顽强，不怕牺牲。面临随时可能发生爆炸的危险，全体指战员充分发扬了向险而行、果敢无畏的奉献精神，顶着凌厉的寒风和烈焰的烘烤，接受着"冰与火的双重考验"。指挥员靠前指挥，哪里最需要就出现在哪里，哪里最危险就战斗在哪里，临危不惧、镇定自若。消防指战员在极为恶劣的艰苦环境中体力急速下降，直到透支，但他们用坚强的毅力和顽强的斗志书写了可歌可泣的战歌，用实际行动诠释了"忠诚、勇敢、团结、执行"的石化消防精神。

七是科技赋能，装备支撑。近几年公司在消防装备的建设上投入了大量的资金，购置了一大批技术性能先进的车辆和器材，在本次火场主要使用了布利斯自摆水炮、克鲁斯移动炮，发挥了先进器材的灭火效能同时又降低了参战人员在前方的危险性。抢险救援车及时为火场提供照明，保证了夜间作战的需要，特别是56m、32m、16m举高喷射消防车，充分发挥优势，在压制火势上起到了巨大的作用，牢牢把握火场的主动权，尤其是在保护吸收塔的作战上，为防止吸收塔的倒塌造成事态扩大，56m举高喷射消防车发挥了关键作用。

八是统筹分工，保障有力。事故发生后，现场指挥部意识到此次灭火战斗的艰巨性，按照火场责任分工，由党委书记和副支队长组织机关各部室，从油料物资补给、防寒用品配发、人员食品饮水供应、作战行动安全和信息沟通等方面进行了统一指挥调配，现场指挥部成员能够各司其职、通力协作，有效地为参战人员提供了各项后勤保障服务工作。

（二）存在问题

① 火场联络不畅通。表现在火场噪声大、通信器材失效、前后联络衔接不

上，给火场各级指挥员命令下达和阵地之间的联络带来了诸多不便。

② 消防器材和个人防护装备损耗大。由于多单位联合作战，以及战斗人员少和天气寒冷等原因，战斗结束后，现场很多器材无法得到及时收捡，个人防护装备湿透结冰无法及时更换，导致现场大量水带冻凝，人员体力透支，还有部分器材损坏和丢失。

③ 现有火场侦检设备短缺。表现在本次火灾现场有多处泄漏的火点属易燃易爆有毒气体（液化气、瓦斯、硫化氢等），由于缺少侦检设备，在灭火战斗后期对火场进行排查阶段，人员无法确认和辨别其危害性，给参战人员生命安全带来威胁。

④ 前沿战斗人员的单兵战斗装备更换和车辆油料等后勤保障有待加强。

（三）改进建议

① 强化实训演练。针对此次火灾，支队要加强严寒条件下的日常训练和培训工作，并就冬季车辆出水后现场处置进行系统的培训；同时针对大型复杂条件下的火场应对能力有待提高、预案体系建设有待深化，需突出实战性练兵，加强车辆编程训练，开展实战模拟条件训练，从而不断提高各级指战员应对恶劣天气和突发情况的灭火作战能力。

② 强化通信指挥装备保障。以适应大型火场实战需要为目标，进一步更新和完善支队通信指挥系统和通信器材，保证在火场噪声和复杂情况下，各项战斗命令能及时下达到位，能够迅速传达组织起灭火进攻和紧急避险行动的命令。

③ 完善支队后勤保障系统。以公司东西部生产格局为中心，建立东西部区域战备物资储备库，增加灭火剂和灭火作战器材及个人防护装备储备，以满足大型火场灭火作战的需要。

④ 强化消防装备器材保障。根据企业安全实际需要，购进70m以上的举高喷射泡沫消防车。同时，应对新建、改建装置安装自动喷淋冷却系统，在事故状态下减少对移动消防装备的依赖，有效地保护生产装置的安全。

⑤ 为基层作战单位配备先进适用装备。配备便携式可燃气体和有毒气体侦检设备，保证进入火场消防员的生命安全。同时，配备高效的火场照明系统，为夜间灭火作战创造有利条件。

2014年某石化公司炼油厂硫回收装置酸性水罐"6·9"爆炸事故
国家危险化学品应急救援扬子石化队

2014年6月9日12时38分，某石化公司炼油厂硫回收装置酸性水罐区发生酸性水罐闪爆事故。

一、基本情况

（一）事故现场情况

80t/h酸性水汽提装置是某石化公司炼油厂加工800万t/a含硫原油改扩建工程的主体工程，位于炼油厂炼油北二路与催化西路交界处。装置由酸性水汽提、三级冷凝系统、氨精制系统组成，作用是对常减压、重油催化、加氢、焦化排放的含硫污水，利用高温蒸汽进行加温加压气体分离，使水质得以净化后排放，同时提取氨气、氨水和酸性气。其产品净化水可以作为催化分馏塔顶及常减压装置电脱盐注水使用，氨水可作为农肥使用，酸性气可作为硫磺装置的原料。

硫回收装置酸性水罐区位于炼油厂的西面，由8个常压拱顶罐组成，8个罐容积分别为1号罐2000m³、2号罐2000m³、3号罐1000m³、4号罐1000m³、5号罐2000m³、6号罐2000m³、7号罐1000m³、8号罐1000m³，罐内介质为含污油酸水和污油。

罐区北侧和西侧配套有硫回收汽提装置的泵区、6200号酸性水汽提装置、3500号硫回收装置、3400号酸性水汽提装置、6100号硫回收装置、第二液硫池和装车台，南侧为两套加氢装置，东侧为油品中间罐区和催化联合装置。

（二）事故发生经过

事发现场为酸性水汽提装置的储罐区，共有储罐8个（编号为T62201～T62208），均为常压拱顶罐。罐区有防火堤，堤长85m、宽60m、高1.2m，距南侧两套加氢装置罐区防火堤16m。

酸性水易燃易爆、成分复杂，该工艺酸水由40%污油、12%硫以及高浓度的氨水和硫化氢等组分组成，有较强的腐蚀性，挥发气体对呼吸道、眼睛有强烈刺激性。

酸性水储罐区6号罐发生爆炸起火，罐体倒塌，砸到毗邻的2号罐，致使2号罐管道破裂，罐内900t的高氨酸性水泄漏并引燃邻近的7号、8号罐。

（三）水源情况

炼油厂区有5个消防水池，总储量为5800m³。其中，2号消防站内设有1500m³消防水池2个；南面炼油北路南侧设有800m³消防水池1个；厂区南部食堂附近设有1000m³消防水池2个。硫回收装置区域周边共有消火栓15个、消防炮16门，其中酸性水罐区周边共有消火栓5个、消防炮5门，消防水管管径为DN400，常压0.7MPa、高压1MPa。

二、事故原因及性质

（一）事故原因

2014年6月9日，某石化公司焦化车间硫回收装置内一台容积为2000m³的酸性水罐在投用过程中，氮气置换不彻底，酸性水中的油气、氨等挥发，与空气混合形成爆炸性气体。罐顶水封罐及罐顶气到焚烧炉连通管线内存在的硫化亚铁自燃，引燃爆炸性气体，造成6号罐闪爆。罐顶气相管线相通，又导致7号罐、8号罐相继发生爆炸。

（二）事故性质

这是一起企业内部一般生产安全事故。

三、应急救援情况

（一）救援总体情况

9日12时46分，某市消防局接到报警后迅速启动《全市石油化工火灾应急处置预案》，一次性调集特一、特二、大厂、化工园、迈皋桥、石门坎、战勤保障中队及总队应急救援中心供水泵组赶赴现场进行处置。10日17时左右，燃烧近29h的大火终于被扑灭。现场指挥部下令继续加强冷却防止复燃，冷却直至12日12时左右，经多方确认安全后，队伍安全返回。

（二）国家危险化学品应急救援扬子石化队处置情况

扬子石化队接到报警后，迅速调集4个大队21辆消防车、173名消防救援人员前往火场投入战斗。

1. 加强第一出动，控制火势蔓延扩大

6月9日12时38分，扬子石化队调度指挥中心接警，炼油厂硫回收装置发生爆炸起火，现场浓烟滚滚。指挥中心立即按照火灾调度程序调集责任区大队、特勤大队8辆战斗车辆，73名消防指战员赶赴火场，火灾现场7号罐、8号罐连续发生爆炸。当日总值班、支队政委立即赶赴现场并要求调度指挥中心调动一大队、三大队增援，并向公司应急指挥中心报告请求迅速启动公司应急预案。

2. 成立火场指挥部，进行火情侦察，部署战斗任务

12时47分，支队领导到达现场成立了火场指挥部，迅速组织人员进行火情侦察，经侦察发现罐区内6、7、8号罐已被炸塌，1、3、4、5号罐在地面流淌火的高温炙烤下随时可能被引燃，一旦发生，储罐内1200t酸性水和污油过火燃烧，将危及罐区周边生产加工装置及现场救援人员的安全，危机一触即发，现场情况万分危急。侦察组将侦察情况及时报告，火场指挥部根据侦察了解到的火场情况进行战斗部署，二大队奔驰车、东风泡沫车，三大队举高喷射消防车、1辆奔驰车，停放在二套加氢装置储油罐区的东南面，各出1门移动炮穿过罐区灭流淌火；一大队车辆停放在二套常减压装置泵房旁，出2门移动炮分别保护4号罐和空中管廊；二大队举高喷射消防车、奔驰车停放在罐区的东北面出炮灭火；特勤大队2辆曼牌重型泡沫消防车、三大队2辆奔驰车停放在罐区的西南面出移动炮，分别灭火和保护硫回收装置并逐渐向前推进。

3. 加强冷却，控制火势稳定燃烧

15时30分，大火渐渐被控制变小，8号罐火被扑灭，现场指挥部决定抓住机会近距离进攻一次，下令特勤大队、三大队将西南面的移动炮改换为各出2支枪，进入防火堤内，从1、5号罐中间穿入，灭2、6号罐之间的火，二大队出2支枪分别灭6号罐和7号罐的火，10min后火势逐渐变大，火场指挥部为了队员的安全下令撤出防火堤外，继续用移动炮冷却灭火。经过20h持续冷却灭火，虽然多次发生爆燃，但火势始终控制为稳定燃烧。

4. 扑灭火灾，持续冷却，防止复燃

10日9时，一大队再出1门移动炮、2支枪从罐区的西北面2号罐处冷却1号罐和被炸塌的6号罐。14时20分左右，7号罐火被扑灭。15时50分大火渐渐变小。17时左右，大火终于被扑灭。现场指挥部下令持续冷却防止复燃，参战指战员发扬连续作战的作风，克服天气炎热、作战时间长等不利因素带来的影

响，始终坚持战斗在一线，坚持冷却至12日12时左右。在冷却期间，用红外线测温仪每0.5h对罐检测一次，为罐体冷却发挥了至关重要作用。经多方确认现场安全后，队伍收拾器材归队，迅速整理器材后投入战备执勤。

四、救援启示

（一）经验总结

1. 警力调动充足及时，协同有力

一是第一时间调集足够力量。根据石油化工火灾事故特点，扬子石化队根据火灾等级，及时迅速启动重大火灾处置预案，一次性调集4个大队21辆消防车、173名指战员赶赴现场，为有效遏止火势蔓延、成功扑灭火灾奠定了基础。

二是充分发挥片区联防处置预案和联战联勤作战效能。在火灾处置过程中，与各联防单位、综合性消防救援队伍能迅速形成作战体系，并与其建立顺畅、高效的通信保障体系，充分发挥片区联防及联战联勤的作战效能。

2. 火场指挥员指挥果断，决策正确

① 在火势最猛烈阶段，指挥员亲临现场，靠前指挥、果断指挥，始终贯彻"先控制、后消灭"的战术原则，充分利用本支队力量控制堵截火势的发展，为控制火势的蔓延打下了基础。同时，现场指挥部根据火情的发展变化，及时调整增援力量，集中优势装备和人员于火场的主要方面，把火势控制在一定范围内，直至彻底扑灭。

② 官兵临危不惧、英勇顽强。在近29h的灭火战斗中，全体参战官兵面对熊熊大火，面对不断发生的爆燃，他们发扬"攻无不克、战无不胜、英勇顽强"的铁军精神，服从命令、不怕牺牲，在大火的熏烤下连续奋战，许多官兵即使脚上磨出血泡也全然不顾，坚持不下火线，没有一人退缩，一直战斗到最后胜利，充分展示了消防铁军风采。

③ 到达火场后火场指挥部根据侦察情况，将火场分为3个战斗段。第一战斗段由西南面特勤大队、三大队、金陵石化消防支队组成，出移动炮采取逐步推进的战术将火势控制在防火堤内；第二战斗段由二大队、特勤大队、仪征消防支队组成，进行正面进攻；第三战斗段由一大队、南化消防、特勤中队组成，冷却保护4号罐和空中管线。在各战斗段的齐心协力、英勇作战、顽强拼搏下，将大火牢牢地控制在防火堤内。

3. 充分发挥器材装备支撑作用

根据器材装备标准和实战需要，扬子石化队为各大队高质量配齐、配足了各类器材装备，并通过经常性的检测、维护，确保器材装备完整好用，随时处于临战状态。此次灭火救援行动，采取以炮为主强攻、以炮为主冷却的进攻模式，共架设水炮（车载炮）20门、平均泵流量50L/s、用水量1t/s左右，同时各参战单位车辆器材装备无故障连续工作40h，确保了火场无人员伤亡，火势未蔓延至毗邻罐区。

4. 采取有效措施，保障火场供水

现场指挥部根据公司内各厂区水源情况，指派专人对泵房昼夜看守，同时采取了3种供水方法：一是利用炼油厂内消防水池供水；二是利用烯烃厂、化工厂内的消防水池跨地区接力供水；三是利用芳烃厂消防水池和马汉河水资源进行大功率远程供水车供水。满足了火场用水需要，为灭火战斗创造了有利条件。

5. 充分发挥各方作用，后勤保障得力

火灾发生后，扬子石化队立即启动后勤保障方案，后勤部门迅速调集油料供给车、生活保障车、医疗救护车等各类战勤保障车辆10余辆到达现场，把油料运到现场，就地加油，组织修配厂的人员进行现场保障，及时修理现场发生故障的消防车，及时联系协调多个泡沫厂家调运泡沫174t，并组织人员将库存泡沫运至现场，落实叉车为现场消防车灌装泡沫。同时，根据现场情况，从各大队抽调水带5000m，更换气瓶100余个，为灭火战斗的全面胜利，奠定了良好的物资基础。

（二）存在问题

① 罐区内罐与罐之间未设计建造防火堤，致使发生爆炸燃烧后，短时间内即形成大面积流淌火。同时，防火堤为砖混结构，使用年限较长，东北角、西北角都有部分堤段出现孔洞和龟裂垮塌，致使流淌火不断流向堤外，威胁邻近装置和罐区。

② 该装置投入使用近30年，管道交错、互相连通，同时罐体倾覆，底座移位，管道、罐壁倾轧，交错堆压，因此无法进入防护堤进行关阀断料、对罐体内物料进行倒罐及进一步采取工艺灭火措施。

③ 扬子石化队没有远程供水设备，造成一段时间消防水中断，影响灭火救援效率，造成较大的安全风险。

（三）改进建议

① 加强罐区合规化建设，确保防火堤按照标准设计建造。同时，加强日常防火检查，发现隐患及时整改，确保罐区安全。

② 利用罐区检维修契机，加强罐区管道排查治理，增设远程紧急切断阀，保证应急事故状态下能够第一时间切断物料，实施工艺处置。

③ 配备大流量远程供水系统，提高队伍远程供水能力，保障现场消防灭火用水需求。

2015年某芳烃有限公司二甲苯装置"4·6"爆炸着火事故

国家危险化学品应急救援惠州队

2015年4月6日18时56分，某芳烃有限公司二甲苯装置发生爆炸着火重大事故，造成6人受伤（其中5人被冲击波震碎的玻璃刮伤），另有13名周边群众陆续到医院检查留院观察，直接经济损失9457万元。

一、基本情况

（一）事故单位概况

某芳烃有限公司，占地面积2085.60亩，目前拥有两条对二甲苯（PX）生产线，年产160万t PX及邻二甲苯、苯、轻石脑油、液化气、硫磺等石化产品，其PX生产项目是目前国内规模最大的。厂区分为原料罐区和仓库、中间罐区、成品罐区以及生产和配套设备区等部分，由储罐区、PX工厂、热电站及制氮站、循环水场、水处理及空压制冷站、变配电设施、各类仓库、维修中心等辅助设施区等组成。厂区内共有各类化学品储罐76个（内浮顶罐41个、外浮顶罐2个、固定顶罐20个、球罐13个），总容量70.80万m³。在毗邻厂区码头有储量分别为30万t的凝析油储罐区和常渣油储罐区各一个。

（二）事故现场情况

着火中间罐区位于厂区，由607～610号罐组成，共4个10000m³内浮顶罐。每个罐高16.58m、直径30m。其中，607、608号罐为重石脑油罐，609、610号罐为轻重整液罐。着火当日，607号罐储量6622m³，608号罐储量1837m³，609号罐储量1563m³、610号罐储量4020m³。罐区共用一个长95m、宽95m、高2.1m防护堤。罐距离围堰10m，罐与罐间距15m。

罐区毗邻情况为：罐区东面为吸附分离装置，间距62m；西面为凝析油罐区（有2个50000m³内浮顶罐，201、202号罐，高19.30m、直径60m，罐与罐间距25m，防护堤长165m、宽82.50m、高2.2m），间距72m；南面为常渣油罐区（有2个20000m³外浮顶罐，101、102号罐，高17.8m、直径40.50m，罐与罐间距19.50m，防护堤长136m、宽89m、高2.2m），间距55m；北面为对二甲苯等中间油罐区（有8个10000m³内浮顶储罐，601～606号、611～612号罐，高16.58m、直径30m，罐与罐间距15m，防护堤长145m、宽100m、高1.40m），间距48m。凝析油罐和常渣油罐各通过7.50km输油管道同厂区码头相应各30万m³储罐区连接。着火罐区距离东侧管廊30m，北侧管廊40m。东侧通道宽9m，南、西、北侧通道宽6m。事故罐区俯视图如下。

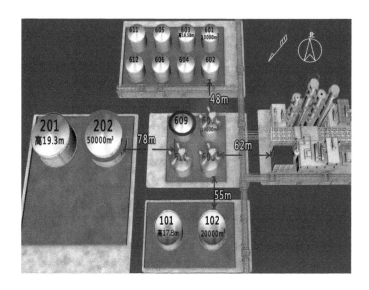

（三）事故发生经过

2015年4月6日18时56分，某芳烃有限公司二甲苯装置在停产检修后开车时，装置加热炉区域发生爆炸着火事故，导致二甲苯装置西侧约67.50m外的607、608号重石脑油储罐和609、610号轻重整液储罐爆裂燃烧。4月7日16时40分，607、608、610号储罐明火全部被扑灭。随后，610号储罐于4月7日19时45分和4月8日2时09分两次复燃，均被扑灭；607号储罐于4月8日2时09分复燃，4月8日20时45分被扑灭；609号储罐于4月8日11时05分起火燃烧，4月9日2时57分被扑灭。

二、事故原因及性质

（一）直接原因

在二甲苯装置开工引料操作过程中出现压力和流量波动，引发液击，存在焊接质量问题的管道焊口作为最薄弱处断裂。管线开裂泄漏出的物料扩散后被鼓风机吸入风道，经空气预热器后进入炉膛，被炉膛内高温引爆，此爆炸力量以及空间中泄漏物料形成的爆炸性混合物的爆炸力量撞裂储罐，爆炸火焰引燃罐内物料，造成爆炸起火事故，即有焊接缺陷的管线41-8"-PL-03040-A53F-H受开工引料操作波动引起的液击冲击，21号焊口断裂，是本次事故的直接原因。

（二）间接原因

① 某芳烃有限公司安全观念淡薄，安全生产主体责任不落实。

② 施工单位违反合同规定，未经业主同意，将项目分包给某工业设备安装有限公司，质量保证体系没有有效运行，质检员对管道焊接质量把关不严，存在管道未焊透等问题。

③ 分包商（某工业设备安装有限公司）施工管理不到位，施工现场专业工程师无证上岗，对焊接质量把关不严，焊工班长对焊工管理不严，焊工未严格按要求施焊，未进行焊打底，焊口未焊透、未熔合，焊接质量差，埋下事故隐患。

④ 某石化工程监理有限公司未认真履行监理职责，内部管理混乱，招收的监理工程师不具备从业资格，对施工单位分包管道焊接质量和无损检测等把关不严。

⑤ 某检测有限公司未认真履行检测机构的职责，管理混乱，招收12名无证检测人员从事芳烃装置检测工作，事故管道检测人员无证上岗，检测结果与此次事故调查中复测数据不符，涉嫌造假。

⑥ 地方党委、政府及有关部门没有正确处理好严格监管与服务的关系，存在监管"严不起来、落实不下去"现象。

（三）事故性质

经调查认定，该事故是一起重大生产安全责任事故。

三、应急救援情况

（一）救援总体情况

事故发生后，省委书记、省长及相关领导立即赶赴事故现场指挥抢险。国家安全生产监督管理总局领导带领有关司局人员和专家迅速赶赴事故现场指导救援工作。采取的主要措施有如下几条。一是成立事故现场指挥部，副省长任总指挥，下设现场处置、警戒维稳、伤员救治、群众疏导、信息发布、善后工作、事故调查、后勤保障8个组，分头开展各项工作。二是组织专家分析研判。国家安全生产监督管理总局从全国抽调多名应急救援及石化行业工艺和设备方面的权威专家，与省内5名专家赶赴现场分析研判，帮助指导事故救援。三是全力组织灭火。公安消防部门共调动消防车辆269辆、消防官兵1169名，在专家指导下，采取扑灭石化火灾常用的成熟方法，加强对着火罐的火情控制，并实施喷水冷却、水幕隔离等措施，冷却保护周边储罐和装置。省军区部分官兵及31集团军120名防化官兵参与救援。四是紧急调运救援物资。在公安部和中国民用航空局的大力支持下，省政府多方调集救援物资，共调运灭火泡沫1467t和5万个沙包袋，为救援工作提供充足的物资保障。五是及时救治伤员。地方市、县两级政府共调度70辆救护车待命，出动16辆，共收治事故伤员19名，截至4月13日，受伤人员全部伤愈出院。六是迅速有序转移群众。共转移并妥善安置周边群众29096人。七是密切监测周边环境。组织环保、海洋、气象等部门，密切监测地区气象、海水等方面环境变化，没有发现辖区环境污染。八是积极做好舆论引导。省、市宣传新闻部门主动协调新闻媒体，及时发布信息，做到公开透明，启动网络舆情监控预案，对网上出现的不良信息和4月6日当晚网络传播死伤假照片事件，迅速回应并利用事实进行澄清，及时消除负面影响。事故现场照片如下。

（二）国家危险化学品应急救援惠州队处置情况

1. 抵达事故现场，了解事故情况

4月8日610号储罐第二次复燃后，6时20分，惠州队接调度指令迅速集结19名指战员，出动3辆消防车和1辆皮卡车，携带小型移动平台赶赴事故现场。12时30分，惠州队到达事故现场立即向现场指挥部报到并询情，经询情得知：

609号储罐由于受热变形顶部坍塌被引燃，607号、609号储罐共同燃烧；火场风向改变，与609号储罐相距78m的202号凝析油储罐持续受到高温火焰炙烤；事故现场已安排多支救援队伍，增派多辆消防车向储罐北侧喷水降温，与储罐自身的环形喷淋水系统共同构筑起隔绝202号与609号两个储罐的水幕；现场高温烟气扩散，储罐顶部在高温炙烤下已受热变形。

2. 实时侦检，为科学决策提供依据

惠州队到达事故现场后搭建气象站及开展实时侦检并通过小型移动平台与国家安全生产应急救援中心指挥大厅建立联系，通过3G信号将现场音频信息实时传输至应急指挥平台，为上级安全监管部门了解事故现场动态情况提供重要信息。

3. 风险研判，确定重点作战目标开展救援

开展现场风险研判：607号、609号储罐持续燃烧，但仍处于可控范围以内；202号凝析油储罐持续受到高温火焰炙烤，存在燃烧爆炸风险，随即决定采取"冷却控火，稳定燃烧，重点保护"的作战思路，做好着火罐下风向的邻近202号罐冷却防护。

按照现场指挥部的救援作战指令，冷却降温202号储罐，惠州队迅速调派72m举高喷射消防车占据有利位置，向着火罐下风向的邻近202号罐进行喷水冷却，另外2辆大功率水罐车给72m举高喷射消防车供水。

9日4时许，储罐火灾被扑灭，惠州队停止喷水冷却任务，前后奋战将近16h。

11时30分，现场指挥部根据现场情况，决定惠州队有序返回归建。

四、救援启示

（一）经验总结

① 快速响应，惠州队接到调度指令后，迅速派出19名精干队员及72m举高喷射消防车、2辆大功率泡沫消防车、1辆皮卡车跨省远距离支援现场并发挥关键作用，有效化解了202号罐顶受热变形泄漏的风险。

② 本次救援行动中，特配了便携式移动平台，并成功建立网络传输通道。通过3G信号，现场的音视频信息得以实时传送至应急指挥中心，为上级安全监管部门掌握事故现场的动态情况提供了关键信息。

③ 应急救援方案科学合理，根据现场火灾特点，开展风险研判，确定重点防护目标，坚持科学施救、安全施救，杜绝盲目施救。

（二）存在问题

① 在执行远程支援和跨省救援任务时，无法有效保证驾驶安全、车辆安全以及行车安全。

② 在开展远程支援和跨省救援行动时，队伍后勤供给稳定性差，容易忽视后勤补给物资的重要性。

③ 队伍后勤保障装备欠缺，持续作战能力不足。随着救援队伍专业化能力的增强，未来跨区域、长距离的救援任务，如危化品事故、地质灾害和洪涝灾害的救援将会更加频繁，必须增强持续作战能力。

④ 先进救援装备配备滞后，无法满足救援现场实战需要。

（三）改进建议

① 跨区域救援涉及长途驾驶和超时驾驶等情况，建议实施A/B岗位轮换制度，以保障其工作与休息的平衡。

② 必须确保车辆装备的油料和泡沫液等得到充分补给。

③ 加强餐饮车、洗浴车、宿营车等后勤保障装备的配备，提高队伍跨区域持续作战能力和救援效率。

④ 进一步加强队伍应急装备配备，采用多种形式加大投入，提高应急装备配备水平。

2015年某石化公司烯烃厂乙二醇车间"4·21"爆炸事故
国家危险化学品应急救援扬子石化队

2015年4月21日6时05分，某石化公司烯烃厂乙二醇车间发生爆炸事故，造成T-430精馏塔中部解体，装置附近部分建筑物受损，1人受伤。

一、基本情况

（一）事故现场情况

烯烃厂乙二醇环氧装置于1985年2月土建开工，1987年1月至6月完成施工联动试车，1987年7月化工投料试车，车间占地面积53400㎡。年产纤维级乙二醇20万t，精制环氧乙烷1.60万t。经1995年、1997年、2002年三轮扩容改造及2013年2号装置建成投产后，装置生产环氧乙烷能力达到18.60万t/a。装置生产的主要产品有：乙二醇、环氧乙烷。该装置的主要副产品有：二乙二醇、三乙二醇。乙二醇广泛应用于防冻剂、聚酯纤维、薄膜、柔软剂中；环氧乙烷是一种具有广泛用途的合成中间体，可用于生产乙醇胺类、表面活性剂及乙二醇胺类产品。乙二醇环氧装置位于烯烃厂的东北面，该装置的西北面是化工厂，东南面紧邻BOC装置（以前的空分装置），2015年4月21日6点5分起火爆炸部位为T-430精馏塔。

（二）事故发生经过

2015年4月21日6时左右，烯烃厂乙二醇车间T-430精馏塔再沸器的封头法兰处发生泄漏，出现明火，随即再沸器与上管箱法兰接口处发生闪燃，T-430精馏塔内发生爆炸，塔中部炸裂解体，上部坠落。事故造成现场1名技术人员轻度受伤，T-430精馏塔中部解体，装置附近部分建筑物受损。

二、事故原因及性质

（一）直接原因

T-430塔内环氧乙烷发生水解、聚合、裂解链反应，大量放热，导致塔内发生化学爆炸。同时，再沸器燃烧对T-430爆炸起到了促进作用。

（二）间接原因

① 压力信号传输失真误导操作。T-430回流罐上的导压管因醛类沉积物堆堵而存在积液，造成压力信号传输失真，DCS显示的塔内压力误导了操作调整，导致塔内超压，安全阀启跳，是导致事故发生的主要原因。

② 应急处置失当。塔顶安全阀启跳后，在没有认真分析、排查安全阀启跳原因的情况下，启动紧急停车操作。组织现场处置时，未确定安全保护措施，未按操作程序及时打开T-430的喷淋系统和消防炮。应急处置失当，也是事故发生的主要原因之一。

③ 组织指挥失当。车间领导在对现场检查认为仪表显示正常后，对塔内压力异常波动等情况没有进一步分析排查，没有发现压力显示失真的情况，误导了操作调整。接到T-430安全阀启跳报告后，未对安全阀启跳的现场处置提出具体要求，未采取相应的安全保护措施，没有按规定及时向厂领导或厂调度汇报。现场组织指挥失当是事故发生的重要原因之一。

④ 隐患排查不认真、风险分析不到位。安全阀启跳后，操作人员现场巡查不认真、不细致，未及时发现和消除压力测量仪表设计缺陷，也是事故发生的重要原因之一。

⑤ 规章制度执行不到位。当班人员对接班前数小时没有出产品、接班后塔顶温度持续超出正常控制范围、连续7h工艺调整都无法消除压力异常等情况，未认真查找分析原因，未按规定及时报告。实施紧急停车操作，未将突发情况及时向厂调度和厂领导报告，也是事故发生的重要原因之一。

⑥ 压力测量仪表系统存在设计缺陷。T-430压力测量系统DCS、化工安全仪表系统SIS显示仪表设置在同一根导压管上，不符合"紧急停车及安全联锁系统应独立于过程控制系统"和"每一个要求工艺侧切断的元件应有自己指定的取源口和阀门"等行业规范的要求。未借鉴本车间同类装置改进的仪表系统设计，未及时对T-430仪表系统进行升级改造，是事故发生的原因之一。

⑦ 安全生产职责履行和应急培训不到位。烯烃厂和乙二醇车间管理人员、班组操作人员岗位责任意识不强，履行工作职责不认真，风险意识缺乏。应急管理培训不到位，工艺操作人员异常工况处置及现场应急处置相关知识缺失，当班人员未严格执行请示报告制度，导致应急处置滞后和失当。

⑧ 企业安全生产主体责任落实不到位。某石化公司安全生产管理不严格，对所属单位落实安全生产责任制督促检查不力，安全生产规章制度和操作规程

执行不认真，风险管理、过程安全管理、化工安全仪表管理等工作要求落实不到位，隐患排查不彻底，作业人员存在"三违"现象，也是事故发生的原因之一。

（三）事故性质

这是一起因隐患排查不彻底、现场检查不认真、操作指挥失误、应急处置失当等导致的生产安全责任事故。

三、应急救援情况

（一）救援总体情况

4月21日6时15分，市综合性消防救援队化工园消防大队及后续灭火力量陆续到达现场。到达的消防车迅速在装置的南侧（装置500号）布置了2门车载炮、1辆举高喷射消防车、3门移动炮，对着火点、毗邻装置高位火灾进行全面扑救与冷却，形成了两面夹击的态势，火势得到了有效的控制。18时，经检测，泄漏的环氧乙烷被有效控制，市综合性消防救援队化工园消防大队留下3辆消防车对装置500号组织监护，直至第二天清晨完成监护任务。

（二）国家危险化学品应急救援扬子石化队处置情况

4月21日6时4分，扬子石化队火警调度台接到烯烃厂乙二醇车间报警"T-430精馏塔"发生火灾，调度台迅速调集第一出动责任区二大队、特勤大队9辆消防车赶赴火场，行驶途中救援人员听到剧烈的爆炸声，感觉到强烈的冲击波。调度台根据情况迅速调动第二出动责任区三大队、一大队8辆消防车赶赴现场，迅速启动事故应急预案，通知队领导及各有关部门人员到场。6时8分，二大队、特勤大队到达现场，由于通往着火点的道路上有很多障碍物，车辆无法靠近，支队值班员根据现场情况指挥清理障碍物，迅速组织战斗。二大队4辆消防车停在聚酯路着火点的正面，组织战斗，2门车载炮压制火势蔓延，1辆车向前方供水，另1辆出移动炮向着火点组织冷却。特勤大队出1辆车载炮对毗邻的反应塔组织冷却，扑救反应塔上部的着火点，东风泡沫车战斗员迅速在化工厂寻找水源为前方灭火车辆供水；特勤大队第2辆曼牌消防车停放在聚酯路口为前方车辆供水，同时出移动炮对着火装置进行灭火冷却。

6时15分，支队领导、各有关部门人员陆续赶到现场，成立火场指挥部。同时，第二出动力量到达火场。火场指挥部下令，三大队经乙烯大道在烯烃厂接消火栓，铺设8条干线水带分别为特勤大队、二大队车辆供水，其余车辆在乙烯大道上待命。

6时38分，一大队到达现场，按火场指挥部指令将2辆车停放在化工厂大门附近，出1门移动炮设置在着火装置的东北侧进行冷却灭火。

6时55分，火场指挥部下令抽调三大队10名消防员组成突击队配合厂方技术人员，先后8次进入火场关阀断料。

经检测和侦察及工艺处理，8时30分，火场指挥部下令扑灭大火，加强冷却稀释泄漏的环氧乙烷，保护邻近设备。装置明火被扑灭，主战车辆、移动炮、固定炮继续冷却保护生产装置和毗邻设备，对精馏塔继续进行冷却降温。

18时，经检测报告，泄漏的环氧乙烷被有效控制，火场指挥部命令扬子石化队二大队留下3辆消防车对装置400号继续监护，直至第二天清晨完成监护任务。

四、救援启示

（一）经验总结

1. 调集力量及时到位

根据石油化工火灾爆炸事故特点，扬子石化队接警后出动迅速，调集四个大队22辆消防车、122名指战员；市综合性消防救援队伍调动特勤、化工园、迈皋桥、石门坎消防力量，战勤保障和省应急救援中心大功率供水泵组，20多辆消防车、153名救援人员赶赴爆炸着火现场，有效地遏止火势蔓延，为成功扑灭火灾奠定了基础。

2. 火场指挥部决策正确

在灭火救援过程中，扬子石化队调集多支灭火救援消防队伍，联勤联战，各种联动应急力量密切配合，火场指挥部统一部署下达命令，形成了装置400号、500号两个方向的战斗力量。高点和低点的合围，灭火和冷却的统一，两个战斗段步调一致。

3. 克服恐惧心理，保护消防员安全

环氧乙烷的爆炸着火，强烈的冲击波造成现场装置严重损坏，高分贝的噪声都会导致消防员的恐惧心理。为了完成扑救任务，灭火救援人员要充分了解石油化工类火灾的危害性，加强火场自我保护意识，在火场情况不明、没有经过工艺处理时，不能随意靠近装置区。在"4·21"爆炸着火事故处置中，采取以车载炮、举高喷射消防车为主强攻灭火，移动炮为主冷却的进攻模式，充分发挥大功率消防车、举高喷射消防车、远程供水车及移动炮、固定炮在火场上的作战优势，始终将大火控制在一定范围内直至扑灭，确保了在火场救援中无人员伤亡。

（二）存在问题

① 现场通信联络不畅，由于爆炸的碎片击穿蒸汽管线，造成现场出现刺耳的噪声，使现有通信设备无法进行通信联络。

② 大功率重型泡沫车等先进装备配置数量不足，不能满足石油化工火灾灭火作战需求。

（三）改进建议

① 进一步更新升级通信设备，保障事故救援现场通信畅通，确保所有作战指令及时下达并落实。

② 根据石油化工火灾特点，有针对性地配备大功率、射程远的消防车，满足炼化装置高位火灾的扑救。

2016年某炼化分公司催化裂化装置"6·15"火灾事故
国家危险化学品应急救援石家庄炼化队

2016年6月15日10时24分，在某炼化分公司催化裂化烟气脱硫脱硝装置脱硫脱硝吸收塔工地，作业人员在塔内壁进行修补施工时发生火灾，造成4人死亡，直接经济损失约1041万元。

一、基本情况

（一）事故现场情况

某炼化分公司220万t/a催化裂化烟气脱硫脱硝装置包括烟气脱硫脱硝系统、化肥制备系统等5个单元，有脱硫脱硝吸收塔（以下简称脱硫塔）1台以及电除尘、泵等设备共计88台（套）。该项目于2014年5月15日开工，2014年12月29日工程中间交接，2015年1月4日投入试生产。

发生事故的脱硫塔含裙座总高85m、总重量232t。塔体选用复合板材质，内壁为不锈钢，基材为碳钢，现场焊接而成。脱硫塔在19.7m处（下沿）设有直烟气入口管道；25.20m处设有气体分布器；26.20m、28.30m、29.40m处设有3层喷淋层；32.90m处设置下除雾器支撑件，上设2层屋脊式除雾器；35.60m处设置上除雾器支撑件，上设1层屋脊式除雾器；37.80m处设置防逃逸层支撑件，上设2层总高0.50m金属防逃逸层；38.80m处设置上防逃逸层人孔（下沿），人孔外设置有操作平台。位于脱硫塔正北方向，脱硫塔北侧装置框架上的"催化7"视频监控探头在事故发生前后一直持续摄录该平台人员活动情况。

脱硫塔设有5个DN900的人孔及3个DN600的人孔，在检修前已经全部打开。距离吸收塔约5m的电除尘器后的水平烟道上DN1400人孔也已打开，以保证检修时空气流通。检修前脱硫塔氨水管道、氨气管道、氧化空气管道、臭氧管道（未投运）各连接进塔管道已经提前安装隔离盲板，实现各管道与脱硫塔的物理隔离。塔内的盐液和催化剂等物料已清空，3台循环泵、喷淋水泵已经断电。在与电除尘器连接的烟道气管道中砌筑了一道防火墙，防止管道内可燃物着火时火势蔓延到电除尘器内。防火墙前DN1400人孔打开，前端的水封处于溢流状态，电动蝶阀已关闭。

（二）事故发生经过

2016年4月29日，脱硫塔下部塔体出现了2处泄漏，导致脱硫脱硝装置停车，初步检查发现脱硫塔内壁出现多处腐蚀。6月1日至4日，进行了烟囱段脚手架搭设。6月5日，开始进行烟囱内部补焊维修作业，6月14日下午，由于降雨作业暂停。

6月15日8时48分至52分，焊工冯某业及李某、铆工杜某广及杜某露、监护人潘某群、酸洗工潘某彬6人陆续到达脱硫塔防逃逸层平台处。

9时02分至04分，杜某广、杜某露及冯某业3人先后从该平台人孔进入脱硫塔。

9时05分，公司监护人张某革到达该平台。

9时06分，某建设公司第二分公司项目部安全部长王某峰到达该平台进行安全检查。

9时09分，李某进入脱硫塔。此时，潘某群、张某革、潘某彬及王某峰在平台上。

9时13分，王某峰离开防逃逸层平台下塔。

10时23分32秒，脱硫塔烟囱开始冒烟。

10时23分43秒，脱硫塔东南方向显现轻烟，之后渐浓变黑。

10时24分20秒，潘某群发觉烟囱冒烟，从所坐之处（距离人孔约3m）起身至人孔处观察，发现塔内有浓烟冒出，立即呼叫潘某彬、张某革两人到人孔处。潘某群试图入内查看情况，但因人孔喷出浓烟未果。

10时24分49秒，潘某彬下塔寻求救援。

10时25分40秒，张某革拨打电话报警。

10时28分22秒，潘某群与张某革从防逃逸层平台下撤，塔内4名作业人员被困。

二、事故原因及性质

（一）直接原因

现场作业人员在脱硫塔烟囱段高处进行电焊作业期间，电焊熔珠、焊条头等高温坠落物穿过隔离失效的防逃逸层落在上层除雾器上并将其引燃，燃烧滴（坠）落物又引燃了下层除雾器，除雾器燃烧、软化、坍塌后的滴（坠）落物落在喷淋层、气体分布器等塔的内构件上和塔底，继续燃烧引发脱硫塔吸收段整个腔体的火灾。

（二）间接原因

① 某建设公司及下属单位安全生产主体责任不落实，未认真执行国家有关法律、法规和规范的有关规定；对受限空间危险源辨识不足，未制订和落实有针对性的安全防范措施；重进度轻安全，施工方案管理混乱，施工组织不合理，用工随意，对特种作业人员资格审查把关不严；对施工现场安全检查不到位，隐患排查治理不彻底，未能及时消除重大事故隐患；未对现场作业人员进行三级安全教育和有针对性的安全技术交底，现场人员应急处置能力差。

② 某炼化公司贯彻落实国家安全生产法律法规不力，沟通协调管理不到位；对受限空间危险源辨识工作重视不够；合同管理不规范；施工文件签署不完整，对现场随意用工情况监督检查不到位。

（三）事故性质

这是一起因违反建设工程安全管理规定、盲目指挥、违章作业而引发死亡的较大生产安全责任事故。

三、应急救援情况

（一）救援总体情况

事故发生后，市委、市政府主要领导先后做出批示，要求全力救援，做好事故善后工作，依法依规调查处理，切实查清事故原因，严肃追究事故责任单位及相关人员责任，并制订有针对性的整改措施，用事故教训推动安全生产工作。市政府、循环化工园区管委会及市安全监管局有关领导迅速赶赴事故现场，指导事故应急救援和善后处置工作，要求加强现场警戒，防止次生事故发生，同时按规定上报事故有关情况。

（二）国家危险化学品应急救援石家庄炼化队处置情况

1. 人员搜救

10时25分40秒，石家庄炼化队接到张某革的火灾报警后，立即向生产调度报告，生产调度中心随即启动了公司级应急预案，成立现场指挥部。

10时30分，石家庄炼化队负责人带队赶到现场，开展消防及应急救援。10时36分25秒，塔内明火被扑灭。

10时37分，3名救援人员上至防逃逸层平台进行搜救，由于该平台人孔处仍不能进入，救援人员继续上行并于10时40分，到达70m平台处，由于烟气太大及烟囱壁温太高，救援人员不能抵近观察、救援，10时42分下撤。

11时30分，勘察人员抵达烟囱顶部，发现烟囱内83m作业平台2人烧焦，立即向现场指挥部进行了汇报。

现场指挥部经研究决定从烟囱顶部进入实施救援。救援人员携带软梯、吊篮、安全绳、空气呼吸器、隔热服、气体探测器等设施上至烟囱外83m平台，并迅速搭设脚手架，安装滑轮，架设软梯、吊篮等。

15时27分，脚手架搭设完毕，现场气体分析合格，救援人员开始进入烟囱内实施救援。

15时34分和41分，烟囱内83m作业平台2名被困人员被救出。

16时40分，77m作业平台1名被困人员被救出。

16时53分，75m作业平台1名被困人员被救出。

经现场医护人员确认，4人均已死亡。

18时50分，为保护现场，指挥部宣布停止现场所有作业，并安排保卫人员进行事故现场警戒，禁止无关人员进入，救援过程中未发生次生事故。

2. 火灾扑救

石家庄炼化队接警后，责任区二中队出动泡沫车（201）、干粉联用车（202）、32m举高喷射消防车（203）、42m举高喷射消防车（204），指战员20人；一中队出动泡沫车（101）、泡沫车（102）、泡沫车（103）、气防车（105），指战员23人。

根据现场风向，二中队首先到达现场并战斗展开，32m举高喷射消防车（203）在19b号路北出臂架炮冷却塔壁，42m举高喷射消防车（204）在脱硫脱硝塔东侧消防通道出臂架炮冷却塔壁，干粉联用车（202）车在脱硫脱硝塔东侧消防通道铺设一条干线至塔顶出一支水枪灭火，泡沫车（201）在19b号路铺设一条干线至塔中部人孔处出一支水枪灭火。

救援后期，进行了有毒有害气体检测，向专业人员提供空气呼吸器、隔热服等防护装备，配合专业人员对遇难人员进行施救。增援力量一中队到场后车辆在19b号路待命。

四、救援启示

（一）经验总结

① 响应迅速，到达现场及时。接警后迅速派出气防车和泡沫车、举高喷射

消防车等第一出动力量到达现场，第一时间将火扑灭，为后续人员搜救创造良好条件。

② 事故现场熟悉，车辆占位准确，救援阵地设置合理，科学施救，救援过程中未发生次生事故。

（二）存在问题

① 个人防护装备配备不足，导致救援初期，塔壁温度高，无法第一时间攀爬登塔实施近战强攻灭火作业。

② 没有配备无人机等高空救援装备，导致前期无法进行全面侦测，举高喷射消防车高度达不到现场需要，无法对塔顶部位进行有效冷却。

③ 面对事故现场惨烈场面，部分队员心理承受能力不足，影响善后处理工作。

（三）改进建议

① 加强个人防护装备配备，特别是针对现场火灾特点配足各类防护装备，提高各类事故救援防护水平，保障消防员人身安全。

② 配备无人机、举高喷射消防车等高空救援装备，提升队伍高空救援能力。

③ 针对救援人员开展心理疏导培训，增强救援结束后的心理疏导。

2017 年某油品公司 "4·2" 爆燃事故

国家危险化学品应急救援安庆石化队

2017 年 4 月 2 日 17 时 45 分，某油品公司厂区内发生一起较大爆燃事故。事故共造成 5 人死亡、3 人受伤，还造成事故车间所在厂房严重损毁，直接经济损失 786.60 万元。

一、基本情况

（一）事故单位概况

某油品公司 2004 年 6 月成立，企业主要从事工业和车辆用润滑油的制造、销售（不含危险品）。之后，该公司法定代表人多次变更，2006 年 8 月 2 日变更为万某，2013 年 3 月 5 日变更为吴某琼，2014 年 5 月 12 日变更为刘某（至此经营范围变为现营业执照载明的范围），2015 年 9 月 17 日变更为张某江。经营范围：工业用植物油、溶剂油、农药、化肥、化工产品及原辅材料、国家允许的相关化工中间体研制和销售（不含危险化学品）；化工专业技术研发、转让及其他咨询服务（以上经营范围均不涉及前置许可的项目）。

某化工公司成立于 2001 年 12 月 5 日，事故发生时租赁某油品公司厂房、设备从事化工品生产。经营范围：化工产品（3,5-二硝基苯甲酸）生产。

（二）事故现场情况

事故发生在某油品公司北厂房。该厂房东北角被改造为烘干粉碎分装车间（事故发生地），该车间房顶为两层，上层为厂房原轻质彩钢泄压吊顶，下层为改造时增装的塑料扣板吊顶。该车间呈东西向，三间并排布置，相互连通，对外只有一个出入口。东第一间设 2 台烘箱（热源为园区蒸汽，下同）和 1 台双锥干燥机，北墙有窗户；东第二间设万能粉碎机 1 台、烘箱 1 台，北墙窗户被室内加装的烘箱和室外加砌的砖混烘房挡住；东第三间设烘箱 1 台、万能粉碎机 1 台，放置叉车 1 辆，墙有唯一对外出口；第二间与第三间之间设 1 个二道卷闸门（常开）。事发时，靠近卷闸门堆放的大量待粉碎和已粉碎的物料约 2t。车间西侧为厂房南北向过道，过道西面为化工原料库，存放大量茶碱、固体氢氧化钠、酒精、花生油、罂粟油、氯化亚砜、亚硝酸钠、二羟基氯丙醇等物料。

（三）事故发生经过

某化工公司租赁某油品公司厂房、设备从事化工品生产。4月2日13时许，某化工公司负责人潘某盛组织8名工人，开始在烘干粉碎分装车间的东第二间粉碎分装黑色物料。17时许，在重新启动粉碎机时，粉碎机下部突发爆燃，瞬间引燃操作面（车间东第二间、第三间）物料。2名操作工从车间东第一间北侧窗户逃生（1人左跟骨粉碎性骨折，1人严重烧伤），潘某盛与1名操作工从东第三间北侧门口逃生，其余5人未能逃生。随后，火势迅速蔓延，引燃了化工原料库物料。

二、事故原因及性质

（一）直接原因

粉碎、收集、分装作业现场不具备安全生产条件，无除尘设施，导致可燃性粉尘积聚，使用不防爆电器产生电火花，引发可燃性粉尘爆燃。同时，车间布置不合规，生产组织安排不合理，无应急处置能力，导致事故扩大。

（二）间接原因

① 事故车间只有一个出口，事故发生时车间二道门出口被堆放的大量易燃物料阻挡，并被火焰封堵；车间东第二间北侧窗户被堵，造成人员无法快速逃生。

② 事故车间面积狭小，人员较多。某化工公司平时粉碎分装作业安排4人，事发时突击组织生产，现场作业人数增加到8人。

③ 企业应急管理全方位缺失。事故发生后，企业完全不具备自救条件，无任何紧急处置措施。

（三）事故性质

经调查认定，这是一起较大的生产安全责任事故。

三、应急救援情况

（一）救援总体情况

某油品公司自2016年10月将厂房出租给某化工公司后，基本无人上班，也无应急人员。某化工公司也未制订事故应急救援预案，8名一线作业人员全部集中在事发车间，无力实施救援。

事故发生后，国家安全生产监督管理总局迅速派人赶赴事故现场，省安全生产监督管理局领导率有关人员立即赶赴事故现场，指导事故救援和应急处置工作。市政府领导立即赶赴事故现场，成立事故现场指挥部和专家指导组，积极组织力量开展应急救援，调集市区所有消防中队及安庆石化队33辆消防车、151名官兵和专职消防队员，出动350名公安干警和安监、环保、医疗等部门人员，截至当日20时10分，现场明火被全部扑灭。

（二）国家危险化学品应急救援安庆石化队处置情况

4月2日17时45分，安庆石化队接到报警，某油品公司一厂房发生爆燃，需要前往现场增援，接到指令后立即赶赴现场，到达现场后带队指挥员向现场指挥部报到。同时，市应急管理局主持现场作战会议，通报了事故现场基本情况，听取了市综合性消防救援队伍对现场情况的处置方案，按照方案需要安庆石化队进行现场供水、运水作业，并配合出动2辆16m举高喷射消防车配合冷却灭火。

安庆石化队根据作战方案立即赶往现场开展事故救援，命令气防班前往现场侦察，搜寻受伤人员，并协助将伤亡人员抬上救护车。命令二班、三班2辆16m举高喷射消防车驾驶员立即将举高喷射消防车展开，对厂房顶部喷水；四班消防车辆为2辆举高喷射消防车直接供水；五班车辆在一旁待命，当四班车辆水用完立即接力供水，四班车辆则去附近加水。

附近消火栓水压不足，水源供应不上。现场指挥员立刻安排水罐车就近寻找稳高压消火栓进行补水。除参与救援车辆外，其余车辆将现有水源供给市综合性消防救援队伍战斗车辆，确保所有战斗车辆的水源供给。4月3日1时05分，现场指挥部发起总攻，所有灭火车辆、人员全力对准着火点猛攻，最终将明火扑灭，继续保持出水状态，确保火势不会再次复燃。4月3日2时许，现场情况基本稳定，经允许队伍安全返回。

四、救援启示

（一）经验总结

① 充分发挥无人化装备的优势。本次事故中队伍没有盲目地进入现场，充分利用无人机进行侦察检测，为后续处置提供参考。

② 事故现场安排有序，对出入人员、车辆检查登记，利用提示板标注等清晰记录，确保现场人员可控。

③ 统一指挥，协同有力，保证车辆有序加水供水，流程顺畅，确保现场救援车辆水源供给连续不中断。

④ 事故现场后勤保障比较好，提前调集照明发电车到场，为夜间救援创造良好条件，配齐生活物资等保障现场救援人员持续作战。

（二）存在问题

① 个人防护装备配备不足，新型装备使用不熟练，没有发挥装备的最大作战效能，影响灭火救援效率。

② 现场水源不足，大流量远程供水装备欠缺，无法保障救援现场水源持续供应。

（三）改进建议

① 为队伍配置新型防护装备，如新型消防腰带、新型腰斧等，并加强新型装备使用的培训，掌握其性能，做到熟练操作，充分发挥人与装备有机结合，提高灭火救援效能。

② 配备大流量远程供水系统，提高队伍现场远程供水能力，保障救援现场水源充足。

2017年某化工公司乙炔厂车间炭黑水处理系统"6·28"爆炸事故

国家危险化学品应急救援青海盐湖队

2017年6月28日16时40分，某化工公司乙炔厂一车间炭黑水处理系统复位工艺管道（以下简称03P781）至炭黑水贮槽（以下简称为03T901）在作业时发生乙炔爆炸事故，造成4人死亡。

一、基本情况

（一）事故单位概况

某化工公司成立于2011年5月。一期主要产品及规模：氢氧化钾12万t/a、碳酸钾8万t/a、乙炔5万t/a、氯乙烯10万t/a、聚氯乙烯10万t/a、合成氨19万t/a、尿素33万t/a、空分40000m³/h、甲醇10万t/a、电石乙炔2.5万t/a。二期主要产品及规模：氢氧化钠10万t/a、乙炔5万t/a、氯乙烯12万t/a、聚氯乙烯12万t/a、合成氨30万t/a、尿素33万t/a、空分2万m³/h、废硫酸制成品硫酸2.5万t/a、盐酸1.632万t/a。建设有回收装置与其配套的供热中心，配套的公用工程及辅助设施。

（二）事故现场情况

炭黑水贮槽03T901高6.40m、直径5.0m、容积127.20m³。其设计压力为常压，设计温度为60℃，水压试验压力为盛水试漏，气密试验压力为盛水试漏，设备净重10415kg。设备顶部设置放空口直接与大气连通，放空管高0.30m。03P781管径100mm、长度143.60m，作用是将部分氧化炭黑水输送到炭黑水处理系统。

炭黑水贮槽为乙炔装置处理炭黑水的环保设施，03T901用于贮存和缓冲来自部分氧化工段的炭黑废水，炭黑废水经炭黑水贮槽缓冲后由炭黑水输送泵送至炭黑处理单元进一步处理。

由于03T901是环保设施，在初期建设过程中该设备顶部备用口（以下简称N2）未与03P781进行连接，在后期生产过程中未能完全回收天然气部分氧化裂解制乙炔工艺所产生的炭黑水，按照环保要求需对各类废水经污水处理达标后外排。某化工公司针对市环保局提出的问题，安排乙炔厂一车间、二车间对03T901顶部N2与03P781进行连接，回收所有炭黑水，主要检修任务是将03T901顶部N2与03P781管线进行复位焊接。在6月26日乙炔厂召开环保专题会，将检修任务分配到任某章、赵某斌处，要求两人各自负责好03P781废水的回收和管线恢复工作，施工任务由机修厂实施。

（三）事故发生经过

2017年6月19日，某化工公司根据市环保局督办通知要求，在生产调度会议上讨论决定，乙炔一车间、二车间回收炭黑水，连接03P781管线至03T901进行施工，03T901不停车，正常运行。此次施工作业部位在03T901顶部1.5m处。

6月28日，在对03P781管道与弯管进行对口焊接时，由于03T901内压力升高冲破水封，放空管口处乙炔等易燃易爆气体浓度超标，焊接前将电焊把搭在管线中间，在摇动过程中电焊把落到槽顶部，遇水放电产生火花引燃易燃易爆气体，回火导致槽内发生闪爆。

二、事故原因及性质

（一）直接原因

① 炭黑水贮槽存在缺陷，在设计时未考虑乙炔在03T901中富集的因素；未将炭黑水贮槽划入爆炸性危险区域；未设置惰性气体保护装置及置换措施；03T901顶放空管高度不够。

② 在施工时未按照设计图纸要求施工，焊缝质量有问题。

③ 李某涛违章冒险作业，致使电焊把在摇动过程中落到槽顶部，并与槽顶积水放电产生火花引燃03T901内逸出的乙炔等易燃易爆气体，回火导致03T901内发生闪爆。

（二）间接原因

1. 管理原因

① 某化工公司安全生产管理制度落实不到位，安全培训不到位。

② 机修车间对检维修作业安全管理职责不清，安全培训不到位。

③ 机修车间对此次施工人员安排不符合施工要求，配管作业只有一名焊工和一名监护人，没有安排管工。

④ 机修车间未严格按照操作规程对现场进行危险有害因素辨识，对槽顶动

火作业危险性认识不足。在发现隐患后未立即停止作业并采取有效防范措施及重新制订作业方案。

⑤ 乙炔厂一车间对作业人员安全培训不到位。

⑥ 分析工未按规定到槽顶对现场进行可燃气体检测；未按照相关规定对动火作业10m范围内进行动火分析；在放空管处发现有害气体报警后未对槽内气体进行气相色谱分析。

⑦ 现场相关人员对违章指挥冒险作业未及时制止。

2. 技术原因

① 炭黑水贮槽无氮气保护措施。

② 在复位工艺管道03P781至03T901作业过程中，为防止可燃气体从炭黑水贮槽顶部放空管口逸出，作业人员对槽顶放空管口设置了简易水封并覆盖了防火毯，导致炭黑水贮槽内可燃气体积聚、压力升高，由于槽顶与包边角钢连接处焊缝存在早期焊接缺陷问题，且槽顶边缘处有一直径约10mm的圆孔，贮槽内乙炔等混合可燃气体逸出。

（三）事故性质

经事故调查组调查认定为一起较大生产安全责任事故。

三、应急救援情况

（一）救援总体情况

6月28日16时40分左右，乙炔厂一车间炭黑水处理系统发生乙炔爆炸事故，某化工公司立即启动应急预案，并将事故造成的受伤人员4人全部送往医院救治，其中任某章、赵某斌、李某涛3人经医院确认死亡，6月29日0时20分张某林经抢救无效死亡。事故发生后，省委、省政府和州委、州政府高度重视，先后分别作出重要指示。

（二）国家危险化学品应急救援青海盐湖队处置情况

6月28日16时40分左右，乙炔厂发生爆炸事故后某化工公司启动应急预案，调派青海盐湖队一中队两辆救护车、一辆水罐车前往救援，同时公司值班领导和安环部当班人员随即前往现场。

16时45分，青海盐湖队一中队到场后迅速分为两个救援小组，第一组先到达现场后在炭黑水罐底发现尚有意识的张某林，进行了简单包扎，用固定担架对伤者进行固定抬上救护车，迅速送往医院。

16时55分，第二组在距离爆炸现场30m处循环水泵房门口内搜寻到了车间副主任赵某，此时赵某头部受伤严重，人已经失去意识，救援二组留下两人进行简单处理，随即开始搜寻其余两名人员。17时5分，救援二组在循环水泵房内发现被爆炸冲击波炸伤的车间主任任某章，发现任某章大腿处有大面积开放式损伤，人已经没有了自主呼吸，救援组立刻用固定担架对伤者进行固定后连同上1名伤者赵某斌一起送往医院。

此时第四名伤者李某涛迟迟找不到，现场指挥员根据爆炸轨迹命令扩大搜索范围，尤其是注意高处搜索，后经半个多小时的搜救于18时35分在距离爆炸现场直线距离50m、高度6m的循环水塔顶部发现已经死亡的李某涛，由于循环水塔楼梯过窄无法直接将死者抬下，指挥员紧急调来抢险救援车，救援人员使用高空救援担架将死者进行躯体固定，随即用起重吊钩从高空将死者运送至地面，利用二中队增援的救护车将其送往医院。28日19时30分，任某章、赵某斌、李某涛经抢救无效，确认死亡。29日0时20分，张某林经抢救无效，确认死亡。

28日17时50分，全厂进入全线停车工序，由于现场存在潜在风险，调度中心命令一中队一辆16t水罐消防车和5名战斗员在现场进行监护直至全线停车结束。

四、救援启示

（一）经验总结

① 救援人员集结迅速，合理调集车辆赶赴现场，到场迅速，从接警出动至到达现场仅用时5min，为抢险救援赢得先机。

② 事故现场惨烈，救援人员能够克服心理障碍，第一时间投入救援，保障受伤人员第一时间被救出进行救治。

③ 事故中常压储罐的爆炸威力在一定条件下比带压储罐威力更大，为今后救援工作提供了宝贵经验，有助于救援人员提高安全意识。

（二）存在问题

① 救援队员缺少必要的急救知识，对现场受伤人员不能第一时间进行处理。

② 面对群死群伤事故，现场慌乱，没有统一的指挥，影响事故救援效率。

（三）改进建议

① 加强救援队伍急救知识的培训及取证工作，对现场具有生命体征的人员优先救出并及时处理，争取生还的可能。

② 建立健全现场指挥体系，确保救援行动统一、协调一致，提高救援效率。

2020年某石化设备有限公司催化重整装置"1·14"泄漏爆燃事故

国家危险化学品应急救援广州石化队

2020年1月14日13时41分，某石化设备有限公司生产装置区催化重整装置发生危险化学品泄漏爆燃事故，明火于19时15分被扑灭，未造成人员伤亡。

一、基本情况

（一）事故单位概况

该公司占地面积10.70万m²，经营范围：石油制品、化工产品的批发和零售，社会经济咨询，石化产品研发。

该公司项目分为两期建设，一期工程3万t/a碳五分离装置于2010年建成投产，二期石脑油综合利用项目于2015年6月建成投产。公司主要生产装置包括120万t/a预加氢、100万t/a催化重整、40万t/a抽提精馏、10万t/a苯加氢、10万t/a溶剂加氢、3万t碳五分离装置（一期）及相关配套设施。公司生产的主要危险化学品为正丁烷、液化石油气、二甲苯异构体混合物、1, 3, 5-三甲基苯、1, 2, 4, 5-四甲苯、2-甲基己烷、正戊烷、2-甲基戊烷、正己烷、正庚烷、环戊烷、环己烷、石油醚、甲苯、氢、2-甲基丁烷、苯和甲基环己烷。

（二）事故发生经过

2020年1月14日13时41分，该公司催化重整装置预加氢进料/产物换热器E202A-F与预加氢产物/脱水塔进料换热器E204AB间的压力管道（250P2019CS-H）90°弯头处出现泄漏，发生爆燃，之后管道内漏出的易燃物料猛烈燃烧，于13时51分和14时21分发生2次爆燃。经全力救援，1月14日19时15分，明火被完全扑灭。该公司当班121人及周边厂区604人全部安全疏散撤离，事故及救援过程中无人员伤亡。

二、事故原因及性质

（一）直接原因

爆燃直接原因：催化重整装置预加氢反应进料/产物换热器E202A-F与预加氢产物/脱水塔进料换热器E204AB间的压力管道（250P2019CS-H）90°弯头因被腐蚀减薄破裂（爆裂口约950mm×620mm），内部带压（2.0MPa）的石脑油、氢气混合物喷出后与空气形成爆炸性混合物，因喷出介质与管道摩擦产生静电火花引发爆燃。

爆燃加剧及持续原因：附近部分塔器、管道及其他设备设施等在高温火焰持续烘烤下，存在不同程度的损毁或破裂，泄漏的可燃物料加剧燃烧且火势蔓延引发后续2次爆燃。

造成压力管道破裂的主要原因是管道超常规腐蚀，腐蚀原因如下。

① 事故管道持续处于酸性环境，加剧了管道腐蚀。该公司未对预加氢高分罐V202酸性水（含有预加氢反应产生的H_2S、HCl、NH_3）进行连续监控分析，持续进行酸性水循环利用，导致事故管道中H_2S、HCl、NH_3等介质浓度不断提高，加剧了管道腐蚀。

② 管道温度超过设计限值，加剧了管道腐蚀。事故管道原定操作温度为150℃、设计温度为170℃，但事发时该管道实际运行温度为180℃左右，超出了管道设计操作温度。在湿H_2S、HCl、NH_3复合酸性环境中，管道超温运行加剧了管道腐蚀。

（二）间接原因

① 事故公司安全生产主体责任不落实。特种设备安全管理制度不落实；酸性水水质分析规程不健全不落实；违法违规使用特种设备；不重视特种设备定期检验工作。

② 某检测院未按安全技术规范要求开展特种设备安装安全质量监督检验和首次定期检验工作。安装安全质量监督检验职责落实不到位，没有形成监督闭环；未按照安全技术规范的要求对该公司压力管道进行首次定期检验；未及时发现并依规处理该公司长期违法使用特种设备（压力管道）的行为；出具检验证明文件不严谨，档案资料管理混乱。

③ 监管部门安全监管存在薄弱环节。经济技术开发区市场监督管理局对辖区内特种设备未能全面深入开展安全监管，未能通过现场检查发现该公司逾期未办理特种设备使用登记，对其使用逾期未检特种设备的问题未及时督促整改。

经济区安全生产监督管理局在开展安全生产监督管理工作时未能有效指导、推动该公司建立健全安全管理制度。

（三）事故性质

经事故调查组认定，该事故是一起一般生产安全责任事故。

三、应急救援情况

（一）救援总体情况

1月14日13时43分，市综合性消防救援队伍作战指挥中心接到报警，13时49分，市综合性消防救援队伍特勤大队到达现场。随后，本市及周边地市增援的121辆消防车、628名消防员陆续到达现场开展救援工作。现场指挥部设立现场救援组、人员疏散组、生态环境处置组、外围布防组和宣传舆情组5个工作小组。按照"先控制、后消灭，加强冷却保护，防止蔓延扩大"的原则，将灭火机器人、移动消防水炮、举高喷射消防车等消防装备逐层部署在爆炸点四周，形成立体冷却，最大限度地保护邻近罐体安全。市应急管理局、经济区调集相关专家制订现场救援处置方案，第一时间组织疏散厂区周边人员。公安部门出动745名警力实行交通管制，维护现场秩序。生态环境部门启动环境应急监测，立即对事故现场及周边的大气、水质布点监测，密切关注环境变化。卫健部门出动5辆救护车现场待命。

14时45分，市综合性消防救援队伍全勤指挥部到达现场后，实行"冷却抑爆、重点保护、防止蔓延"的作战思路和逐层设防的力量部署，利用消防机器人、红外线热成像探测无人机以及泄漏气体侦检仪器等专业设备对现场展开全面实地勘察，组织精干力量深入火场内部全力扑灭火灾。15时40分，火情基本得到控制，稳定燃烧，参战力量不间断对着火装置和邻近罐体进行冷却。

16时25分，省消防救援总队领导率总队全勤指挥部到达现场，成立火场指挥部。18时56分，现场装置温度得到有效控制，经现场指挥部专家研究评估后，决定组成攻坚组，内攻关闭阀门。19时15分，明火被完全扑灭。

（二）国家危险化学品应急救援广州石化队处置情况

1月14日15时30分，广州石化队在接省应急管理厅关于某经济区危化品爆炸事故的增援指令后，迅速启动应急响应机制，紧急调派2辆泡沫消防车、1辆抢险救援车以及17名救援骨干队员，携带专业的救援装备，紧急赶赴事故现场。

抵达事故现场后，第一时间向现场指挥部报到，按照现场指挥部指令，立即组织侦检小组展开详细的现场侦察。运用多种先进侦测仪器，对爆炸范围、危化品泄漏规模、周边环境等关键要素进行排查，所获信息及时上报现场指挥部，为科学决策提供有力支撑。其余队员在指定地点严阵以待，随时准备投入战斗。

1月15日1时，现场情况基本稳定，按现场指挥部指令，队伍转入休整待命状态，队员们在指定区域休息，保持通信畅通，随时准备应对可能出现的新情况。

四、救援启示

（一）经验总结

① 接警准确，出动迅速。接到调度指令后，能够第一时间集结救援车辆，携带所需专业装备赶赴事故现场，为后续实施专业处置赢得主动权。

② 充分运用多种无人化侦测仪器，对爆炸物浓度、危化品泄漏区域、周边环境等关键要素进行专业排查，保障救援人员人身安全，同时信息及时上报现场指挥部，为科学决策提供有力支撑。

（二）存在问题

① 在执行长时间、远距离的跨区域救援任务时，救援人员的个人防护装备等配备不足，影响灭火救援效率。

② 队伍后勤保障装备欠缺，持续作战能力不足。随着救援队伍专业能力的增强，未来跨区域、长距离的救援任务将会更加频繁，必须增强其持续作战能力。

（三）改进建议

① 为救援人员配备个人防护装备，如移动电源、绝缘手套、防化服等，加强装备使用培训，做到熟练操作，提高灭火救援效能。

② 加强餐饮车、洗浴车、宿营车等后勤保障装备的配备，提高队伍跨区域持续作战能力和救援效率。

③ 进一步加强队伍应急装备配备，采用多种形式加大投入，提高应急装备配备水平。

2021 年某石化橡胶有限公司顺丁橡胶装置回收单元 "1·12" 爆燃事故

国家危险化学品应急救援扬子石化队

2021 年 1 月 12 日 17 时 04 分左右，某石化橡胶有限公司顺丁橡胶装置回收单元发生一起爆燃事故。事故未造成人员伤亡，但教训十分深刻，直接经济损失约 70.67 万元。

一、基本情况

某石化橡胶有限公司拥有 20 万 t/a 合成橡胶生产能力，其中 10 万 t/a 乳聚丁苯橡胶装置 2007 年 5 月投产，10 万 t/a 顺丁橡胶装置 2013 年 6 月投产。

2021 年 1 月 11 日 20 时 30 分左右，因回收单元丁二烯中间罐 V-6508 出料泵 P-6513A 入口过滤器被自聚物堵塞、流量不够，该橡胶公司顺丁橡胶装置丁班操作人员切换备用泵后，对该过滤器进行了清理。12 日 8 时，交接班后顺丁橡胶装置生产主管周某在现场发现 V-6508 罐液位计管口发生堵塞，于 9 时左右安排承包商人员清理该液位计管口，清理后液位比对正常。当日 9 时左右，乙班主内操人员方某发现聚合单元丁二烯进料量不够，周某安排班组将出料泵切换回 P-6513A 后对 P-6513B 过滤器进行了清理，此后顺丁橡胶装置继续正常运行。17 时 02 分左右，方某发现 V-6508 压力高报警，通过对讲机通知外操人员到现场查看情况，乙班班长张某提出自己就在现场，可以去查看。在去往回收单元途中，张某打算去中控室看一下具体的异常情况，便回头往中控室走去。17 时 04 分左右，V-6508 罐突然发生爆燃。17 时 06 分左右，发生二次爆炸。

二、事故原因及性质

（一）直接原因

V-6508 罐内已脱除阻聚剂的丁二烯遇氧形成氧化物、过氧化物和端基聚合物，这些物质长时间累积导致在罐内局部形成死角，局部物料停留时间延长，自聚加剧，温度、压力升高，随着温度升高，自聚速度呈指数级增长，达到暴聚条件，发生暴聚，释放大量能量导致爆炸，造成 V-6508 罐解体，引发火灾。

（二）间接原因

① 事故发生单位安全生产主体责任落实不到位，未采取技术、管理措施，未及时发现并消除事故隐患，对温度升高、氧含量超标后丁二烯加速自聚、暴聚的风险辨识不到位。

② 储存、使用危险物品，未采取可靠的安全措施。未在 V-6508 罐设置罐内温度仪表，无法实现罐内温度实时监测。

③ 对系统氧含量超标后存在的风险认识不足。编制的工艺技术规程虽提出需要对氧含量进行控制，但未明确控制氧含量的具体措施。

④ 未科学地设置清理系统自聚物的周期。

⑤ 企业相关人员落实安全生产职责不到位，开展工艺安全分析、隐患排查治理工作不到位，执行工艺技术规程不到位。

（三）事故性质

这是一起一般生产安全责任事故。

三、应急救援情况

（一）救援总体情况

事故发生后，该公司立即启动应急预案，紧急切断物料进料管线，装置紧急停车，立即疏散、清点人员，通知周边企业，并将事故报告新区安全生产响应中心。

新区接报后立即启动生产安全事故应急处置预案，应急管理部门立即带领专家赶赴现场指导应急处置；公安部门对事故周边道路进行封控，对无关人员进行疏散撤离，对新材料科技园相关道路实施管控，加强交通疏导，确保救援通道畅通；消防指战员利用消防泡沫对现场明火进行扑救，火势得到有效控制；环保部门及时组织企业关闭雨污排口、打开事故应急池阀门，确保消防污水全部进入事故应急池、无外排，并以事故企业为中心，设置环境监测点，实施不间断环境监测；宣传部门对网络舆情进行合理管控与引导，并及时向公众发布权威事故救援信息；医疗卫生部门随时做好医疗救护准备。

经全力扑救，现场明火于 12 日 19 时 45 分全部扑灭，过火面积约 $50m^2$。经环保部门对事故企业周边水体及厂界上风向、下风向环境监测点持续监测，事故没有对周围大气、水体等环境造成影响，事故应急处置迅速、妥善、得当。

（二）国家危险化学品应急救援扬子石化队处置情况

17时05分，扬子石化队调度指挥中心接电话报警。

17时14分，三大队应急力量到达该公司顺丁橡胶装置事故现场西南侧，大队指挥员立即与现场负责人取得联系并询问情况，同时安排侦察组，进行现场侦察，经侦察整个顺丁橡胶装置区南部多个精制塔体、管廊框架及南侧、西侧、北侧和东侧地面多个点着火；西北侧的地面和管廊上方有卧式罐和已炸裂的罐体在燃烧，燃烧物质主要为丁二烯，现场呈立体式燃烧，火势猛烈，烟雾较大。大队指挥员随即命令1辆奥林宝20吨泡沫车、2辆天河12吨泡沫车出车载炮对着火点进行控制保护，压制现场火势。

17时17分，消防一大队应急力量到达顺丁橡胶装置事故现场东南侧，大队指挥员迅速与三大队指挥员取得联系，了解现场具体情况，随即命令1辆18m双臂举高喷射消防车、2辆泡沫水罐车各出1门移动炮对装置东侧着火点进行控制保护，并扑灭东南侧、东侧地面流淌火。

17时17分，扬子石化队领导和火场指挥员到达现场，迅速组织人员对现场进行全面侦察，同时在顺丁橡胶装置区着火点东南侧成立现场指挥部，火场指挥员命令车间负责生产运行的领导迅速到现场指挥部报到，提供现场情况。

17时18分，消防二大队应急力量到达事故现场，大队指挥员接火场指挥员命令，迅速进行战斗部署，18吨泡沫车停靠在着火点西南侧出2门移动炮对邻近装置进行冷却保护，双臂举高喷射消防车停靠在18t泡沫车后，在着火点西侧出1门单口炮对着火点进行控制保护；天河泡沫车停靠在双臂举高喷射消防车后，对双臂举高喷射消防车进行供水，奥林宝泡沫车停靠在着火点西北侧，出车载炮对着火点进行控制保护，同时出1支水枪对着火点西北侧地面卧式罐及流淌火进行扑灭。

17时20分，火场指挥部根据现场掌握的着火装置、物料和火势变化情况，命令三大队出2门移动炮，1号天河泡沫车在着火装置西侧出1门移动炮，2号天河泡沫车在着火装置南侧出1门移动炮，对着火点进行控制保护。

17时50分，着火装置西南侧、南侧出现地面流淌火，火场指挥员迅速命令三大队奥林宝消防车出2支泡沫枪分别对西南侧、南侧地面流淌火进行扑灭，有效地控制火势蔓延，避免邻近装置受到火势威胁。

17时57分，特勤大队应急力量到达丁苯装置事故现场，大队指挥员迅速与火场指挥部取得联系。火场指挥员命令原地待命。

18时，火势得到有效控制后，接现场指挥部命令，二大队西南侧2门移动炮阵地转移至着火点附近，北侧加设1门单口炮，所有炮口对准着火点进行控制保护。

18时30分，由于现场消防车辆较多，消防栓水压降低，不满足供水要求，火场指挥员要求特勤大队为三大队和二大队车辆提供远程供水。

18时36分，火场指挥员登上着火装置二层、三层平台，查看装置西北侧着火点情况，发现二层平台缓存罐两侧进出料管路受爆炸影响断裂，断裂处向外喷火，并立即向火场指挥部汇报。

18时40分，经过交流，火场指挥员命令特勤大队派人员返回队内，使用运输车载运100盘80mm规格水带到事故现场进行供水。

18时45分，东北侧3处阀门火势突然变大，火场指挥员立即命令一大队派遣2名队员做好个人防护措施，各持1支泡沫枪深入着火装置内部，对阀门处着火点进行压制，待着火点扑灭后再出动移动炮对装置进行控制保护。

19时10分，根据现场厂方技术人员要求，火场指挥员立即安排一大队组建突击小组，出1支水枪跟进，掩护配合厂方工作人员对装置东侧安全阀门进行工艺处置。同时，命令三大队安排2名精干队员携带装备登上着火装置二层、三层平台垂直铺设水带干线，各出1支水枪对倒塌的装置卧式罐进行控制保护。

19时13分，特勤大队运送水带到达现场，随即开始进行供水干线铺设。由化工园供水组连接，向现场三大队和二大队消防车辆进行供水。

19时22分，火场指挥员命令三大队立即组建突击小组，出1支水枪跟进，掩护配合厂方技术人员，进入回流罐西北侧进行工艺关阀。

19时30分，特勤大队将2条供水干线成功连接二大队、三大队车辆，随后进行供水。同时，接火场指挥员命令，二大队组建突击小组，架设1支水枪深入北侧罐底，确认此处着火点为倒塌罐体砸断的小管廊内的物料燃烧。同时，掩护配合厂方技术人员立即进行工艺处置。

19时45分，现场明火被扑灭，火场指挥员命令二大队1门单口炮、三大队1支水枪和1门单口炮继续对着火部位实施冷却保护。

20时20分，火场指挥员命令三大队携带可燃气体报警仪对着火装置北侧的可燃气体浓度进行实时监测，确保现场可燃气体浓度在安全范围内。

21时10分，火场指挥员命令二大队在外围待命的抢险救援车进入现场对火场提供照明。

21时30分，火场指挥员命令三大队32m举高喷射消防车停靠在着火装置西侧出臂顶炮对倒塌的装置卧式罐继续进行冷却保护。

22时40分，经厂方技术人员检测，事故装置恢复常温。火场指挥员命令二大队留1台泡沫车、1台双臂举高喷射消防车、1台抢险救援车在现场监护，其余人员收拾器材准备返回。

23时25分，调动特勤大队1辆五十铃水罐车和1台手抬泵到现场，协助厂方进行抽水。

23时35分，参战车辆人员安全归队，恢复战备执勤。

四、救援启示

（一）经验总结

① 接警准确，出动迅速。受理火警出动及时、准确，力量调集迅速是救援成功的基础。

② 处置程序及战术运用得当。火场指挥员到达现场及时收集事故现场信息，积极与事故单位负责人员协调指挥，配合厂方关阀断料、快速处置。

③ 参战人员安全防护意识强。现场燃烧烟雾大，前方指战员防护器具佩戴齐全，确保了参战人员的安全。

④ 参战人员作风顽强。冒着严寒参加事故处置，前方许多指战员衣服都已经湿透，仍然坚守前沿阵地。

（二）存在问题

① 救援时间长，指挥员要提前考虑现场供水保障工作，安排专人负责，确保火场供水不间断。

② 化工类火灾救援务必要做好周围罐、釜、管线的冷却保护，防止造成二次事故。

（三）改进建议

① 针对事故救援时间长的问题，队伍应事先制订不同火场供水保障方案，提前谋划部署，定期开展演练，确保应急状态下火场供水持续不间断。

② 有针对性地开展石油化工类火灾专题培训，提高队员应对该类事故的专业能力，确保事故能够科学快速安全处置，避免救援过程中发生次生灾害。

2021 年某化工厂化工分部顺丁橡胶装置 "3·15" 爆燃火灾事故

国家危险化学品应急救援茂名石化队

2021 年 3 月 15 日 11 时 42 分 42 秒，某化工厂化工分部顺丁橡胶装置发生爆燃并造成火灾，事故造成 1 人死亡，5 人受伤，直接经济损失约 625 万元。

一、基本情况

（一）事故单位概况

某化工厂始建于 1955 年 5 月，是新中国 "一五" 期间 156 个重点建设项目之一。目前，该公司炼油加工能力达到 2000 万 t/a，乙烯生产能力达到 110 万 t/a，同时拥有热电、港口、铁路运输、原油和成品油输送管道以及 30 万吨级单点系泊海上原油接卸系统等较完善的配套系统。

某化工厂主要有两个生产厂区：一是炼油分部的炼油生产厂区，占地 400 万 m^2，原油加工能力 2000 万 t/a，炼油装置 42 套，主要产品有液化石油气、汽油、煤油、柴油、重油、沥青、溶剂油、芳烃、石蜡、润滑油、硫磺、石油焦、液氨等品种；二是化工分部的化工生产厂区，占地 300 万 m^2，共拥有主体生产装置 19 套，年产各种化工产品 300 万 t，主要产品有苯乙烯、苯、甲苯、二甲苯、丁二烯、甲基叔丁基醚、橡胶、聚丙烯、聚乙烯、环氧乙烷、乙二醇等品种。炼油及化工生产的危险化学品共有 26 个品种。其中，化工分部生产厂区的橡胶车间主要有合成橡胶装置、顺丁橡胶装置两套装置，顺丁橡胶装置（自 2015 年以来未进行改造）是本次事故发生区域。

（二）事故现场情况

某化工厂顺丁橡胶装置采用某公司专有顺丁橡胶工艺技术路线：以丁二烯为原料，采用环烷酸镍、三异丁基铝、三氟化硼乙醚络合物三元催化体系，稀硼单加方式，以己烷为溶剂，多釜配位阴离子溶液聚合，将单体 1, 3-丁二烯聚合生成高顺式聚丁二烯橡胶，再经水析凝聚、挤压脱水、膨胀干燥、压块成型等工艺，制成顺丁橡胶成品。

顺丁橡胶装置按区域划分为四个单元，分别为聚合单元、凝聚单元、回收单元和后处理单元。其中，聚合单元两条生产线，回收单元一条生产线，凝聚单元、后处理单元各三条生产线。凝聚单元与后处理单元之间有机柜间、变电所、尾气治理单元及污水池。事故发生在凝聚单元。

下面来介绍一下这几个单元。

① 聚合单元。聚合单元占地面积750m²，装置主体为三层钢筋混凝土平台。聚合单元由6台聚合釜、11台储罐、3台换热器、14台泵组成。

② 凝聚单元。凝聚单元占地面积1700m²，主体装置为五层钢结构平台，主要物料为正己烷、丁二烯、胶液。凝聚单元有三条生产线，由6台胶液罐、9台凝聚釜、7台储罐、7台换热器、36台泵组成。凝聚单元接收由聚合单元送来的胶液，掺混并储存，采用水析凝聚法，使凝聚釜内的胶液在蒸汽、汽提剂和机械搅拌的作用下脱除其中的溶剂和丁二烯，凝聚成橡胶颗粒，胶粒水送往后处理单元进一步处理。将脱除的丁二烯、溶剂油和蒸发出的水蒸气进行冷凝，分离后的溶剂送往湿溶剂罐，水循环回凝聚首釜和碱洗塔。其中，碱洗塔T201的主要作用是通过碱液循环中和胶液罐气相中的氢氟酸，该塔直径1400mm、高度16868mm、壁厚8～10mm，最高操作压力为0.28MPa，内部介质为碱液（质量分数20%）、正己烷、丁二烯、氢氟酸，该塔设有双法兰式差压远传液位计、远传界面计和现场磁翻板界面计。泄漏发生在碱洗塔T201远传液位计的气相引压点阀门。

③ 回收单元。回收单元占地面积856m²，主体装置为三层钢结构平台，主要物料为正己烷、丁二烯。回收单元由3台溶剂塔、3台丁二烯塔、20台换热器、43台泵、8台回流罐组成。

④ 后处理单元。后处理单元占地面积3600m²，主体装置为四层的钢筋混凝土平台，外加钢结构厂房。后处理单元有三条干燥生产线，含6个热水罐、3台挤压脱水机、3台膨胀干燥机、3条流化床、3条包装线。

⑤ 顺丁橡胶变电所。顺丁橡胶变电所占地面积533m²，主体装置为三层钢筋混凝土结构，主要为顺丁橡胶装置各机泵、搅拌器等动力设备提供动力电源。变电所电缆夹层采用自然补风、机械排风方式进行室内通风换气，通风量按6次/h计算。高、低压配电室，电源及监控室等采用分体空调器进行室内空气温度调节。变电所二楼低压室安装了6台定频柜式分体空调且需一直运行，设置温度25～26℃，保证室内电气设备的安全运行。空调外挂机（三菱重工海尔，

非防爆型）安装在变电所一楼北面墙体离地面0.5m的位置。

（三）事故发生经过

2021年3月15日8时10分至8时20分，某化工厂橡胶车间顺丁橡胶装置前岗（包括聚合、凝聚、回收三个岗位）夜班（三班）与白班（一班）员工进行交接班。接班的白班（一班）员工为班长周某，副班长吕某坤，内操黄某恒、谢某丽、梁某君，外操吕某坤、蔡某权、罗某学和符某可。交接班后当班内操黄某恒、梁某君在中控室监控DCS。

9时21分30秒，中控室DCS显示与碱洗塔T201顶（压力PI-1204）相连的胶液罐V201顶（PIC-1202总管）气相入口压力开始持续升高（从之前的0.131MPa升至0.132MPa，表压，下同）。

9时30分30秒，胶液罐气相总管PIC-1202压力升至0.1337MPa。

9时32分30秒，胶液罐气相总管PIC-1202压力升至0.1357MPa，出现报警情况（DCS报警值：0.135MPa），黄某恒通过对讲机向正在装置现场巡检的副班长吕某坤汇报碱洗塔T201和胶液罐V201压力上升情况，通知他检查流程。吕某坤带领一同巡检的符某可（事故遇难者）到现场排查。

9时53分，黄某恒通过中控室电话向车间工艺员宁某朝汇报碱洗塔T201和胶液罐V201压力上升情况，宁某朝要求班组对流程进行排查。

9时55分，班长周某安排黄某恒去现场实施聚合釜管线置换工作，内操谢某丽接替黄某恒岗位。因中控室只剩一台对讲机，黄某恒去现场没带对讲机。

10时17分30秒，中控室DCS显示碱洗塔T201（液位LIC-1204）油相液位为42.05%。

10时19分，因胶液罐压力高，聚合釜管线置换工作暂停。黄某恒代替吕某坤在聚合单元巡检（其在聚合单元一楼拿了罗某学的对讲机）。周某在顺丁橡胶凝聚单元巡检，吕某坤去处理胶液罐压力高的问题。吕某坤开大了E207盐水的手阀后，中控室反馈胶液罐压力还是很高，吕某坤又开大油相到油水分层罐的手阀，中控室谢某丽反映压力还是没有下降，让吕某坤继续排查。

10时28分许，胶液罐顶气相总管线PIC-1202压力达到0.16MPa。

10时29分，碱洗塔压力开始升高（从之前的0.09MPa升至0.1205MPa，指标为0～0.15MPa）。

10时35分，吕某坤在检查流程时发现碱洗塔油相液位采出调节阀没有打开，而且调节阀副线手阀也没打开，联系内操谢某丽确认调节阀阀度为"0"。

10时39分30秒，胶液罐压力为0.16MPa，碱洗塔压力为0.12MPa。吕某坤通知谢某丽将碱洗塔液位采出调节阀改为手动并将开度调至100%后，中控室DCS显示碱洗塔压力缓慢下降，但碱洗塔油相液位仍为40%，吕某坤判断碱洗塔油相远传液位计出现故障。

10时45分，见习工艺员钟某秋来到现场，与吕某坤、符某可等人在凝聚单元三层平台一起讨论碱洗塔油相远传液位计出现故障的原因，钟某秋认为T201油相远传液位变送器存在聚合物堵塞的可能，钟某秋、吕某坤等均认为需要处理一下，在此期间，班长周某巡检经过凝聚单元三层平台，随后钟某秋、周某均离开凝聚三层平台到下一站巡检。

10时48分，谢某丽将碱洗塔的油相远传液位计调节阀打回到自动状态，将液位设定到36%并通过对讲机告知吕某坤，吕某坤让谢某丽继续留意压力和液位的变化。

10时50分，吕某坤回中控室取安全带。

10时53分，吕某坤背好工具袋，去碱洗塔T201。

11时03分，吕某坤和符某可松开碱洗塔T201液位计上的法兰（此前吕某坤已将T201油相远传液位计气相引压口的管道阀门关闭），发现有物料漏出，立即上紧法兰。吕某坤联系内操梁某君，让其电话通知维修仪表人员到现场。此时，内操谢某丽发现碱洗塔油相液位上下波动了一下，最高达到了100%，谢某丽通过对讲机向吕某坤做了汇报，吕某坤要求谢某丽继续监控液位和压力的变化。

11时08分，梁某君电话通知仪表主修罗某，告知其碱洗塔油相液位不准，罗某告知其正在油炉处理故障，暂时不能过去。之后，梁某君用对讲机向吕某坤做了汇报。正在巡检的班长周某在对讲机听到这个信息，通过对讲机要求内操找工艺员联系维修仪表人员进行处理。

11时19分30秒，中控室DCS显示碱洗塔油相液位为64.36%。

11时20分，吕某坤从地面提桶回到T201第三层平台，准备进行油相远传液位计清堵。拿桶时吕某坤见到黄某恒，黄某恒提醒了一下吕某坤拆卸法兰存在很大风险。

11时23分，梁某君打电话给工艺员王某，告知王某当时的情况，王某答复知道并马上联系维修仪表人员来处理。梁某君用对讲机向吕某坤做了反馈，吕某坤回复说知道了。

11时30分30秒，中控室DCS显示碱洗塔油相液位为66.08%。

11时33分，吕某坤与符某可使用防爆F扳手再次将T201油相远传液位计气相引压口的管道阀门关到关不动后（实际未关闭到位），使用铜制梅花扳手拆开远传液位计气相引压口管道阀门后的引压法兰（此时，中控室DCS显示碱洗塔油相液位瞬间上升至100%）。进行作业时，吕某坤在阀门东侧，符某可在阀门西侧。

11时36分，由于自聚物堵满整个法兰，吕某坤先用手指抠出阀后法兰内的自聚物，随后使用扳手清理阀内堵塞物（结晶盐状物和胶状物）。用时大概1min，清出部分堵塞物后，有物料（主要是正己烷和丁二烯）缓慢流出，还未来得及把堵塞物清空，突然有物料从法兰口高速喷出，物料喷到符某可脸上（未戴防毒面具）。吕某坤和符某可尝试回装法兰，但因为喷射的压力过大法兰无法回装，吕某坤让符某可通过对讲机通知班长周某现场有大量物料泄漏（吕某坤的对讲机在物料喷出前已掉落），同时叫符某可赶紧撤离。随后，吕某坤从碱洗塔的直爬梯向下撤离。

11时39分03秒，中控室中位于凝聚单元一楼（地面）GI-1204、GI-1205两台可燃气体报警器同时报警，在装置现场的黄某恒从对讲机里听到内操梁某君说可燃气体报警器报警后回答去现场看看，他走到碱洗塔北面时发现物料泄漏，接着忙于察看周围人员撤离情况，但未及时将现场情况反馈中控室。

11时39分09秒，凝聚单元二楼2V-205东南侧GI-1216可燃气体报警器报警。

11时39分13秒至11时39分38秒，凝聚单元一楼（地面）、二楼、三楼可燃气体报警器大面积报警。

11时41分30秒，吕某坤顺着直爬梯下到地面并撤离一段距离后，发现符某可尚未撤出，随即返回至碱洗塔，通过直爬梯爬上第二层平台，再经另一直爬梯往第三层平台爬，试图帮助在作业点的符某可撤离。当吕某坤爬到第三层平台后，大声呼喊符某可撤离，但符某可未作应答。

11时42分42秒，凝聚单元南侧的变电所北墙边首先发生闪燃，导致附近污水池和碱洗塔西侧泵房周围发生剧烈爆炸、燃烧。爆炸发生时，吕某坤和符某可仍在碱洗塔第三层平台位置，吕某坤尝试再次用F扳手关闭阀门，刚把扳手套到阀门上就发生爆炸，冲击波把他弹开，他下意识往下层逃生。

事故造成现场作业人员符某可死亡、吕某坤受伤，另有附近4人受伤。凝聚单元、聚合单元、中控室、变电所、机柜间等设备设施以及建（构）筑物受损。

二、事故原因及性质

（一）直接原因

某化工厂橡胶车间当班外操工在正常生产状况下，未遵守本单位的《某化工厂施工作业安全管理程序》等安全生产制度和操作规程，未经作业许可，未按照使用规则佩戴、使用符合国家或者行业标准的劳动防护用品，未进行危害因素识别、风险评估，也未将碱洗塔远传液位计气相引压口阀门完全关闭，便冒险拆开与阀门相连的仪表法兰进行清理堵塞物作业，导致塔内正己烷和丁二烯物料发生大量泄漏，喷出的物料迅速扩散形成爆炸性气体，遇凝聚单元南侧变电所北面外墙悬挂运行的非防爆空调外机后发生闪燃，进而引发附近污水池、碱洗塔西侧泵房周围爆炸燃烧。

（二）间接原因

某化工厂在落实安全生产责任中存在不足，对从业人员开展安全生产教育和培训不到位，未认真教育和督促从业人员严格执行本单位的《某化工厂施工作业安全管理程序》《顺丁橡胶装置岗位操作法》等安全生产制度和安全操作规程，从业人员不熟悉、不掌握本职工作所需的安全生产知识、事故应急处理措施，事故应急处置能力不足；未采取有效措施监督、教育从业人员在作业过程中按照使用规则佩戴、使用符合国家或者行业标准的劳动防护用品；未及时发现并制止、纠正事故发生装置当班外操工人排除故障过程中违反操作规程的行为；在事故发生装置的凝聚单元现场可燃气体报警器报警后，应急处置工作不规范，应急处置不力。

（三）事故性质

该事故是一起一般生产安全责任事故。

三、应急救援情况

（一）救援总体情况

2021年3月15日11时43分，现场人员报火警，生产调度室向某化工厂总值班汇报。某化工厂立即启动应急响应程序，分别向市综合性消防救援队伍、市应急管理局、市生态环境局、某化工厂应急指挥中心报告事故情况。接报后，市应急管理局领导立即带领应急支援和预案管理科、危险化学品监管科等科室人员赶赴事故现场进行处置；市综合性消防救援队伍立即调集高新石化园区站等7个消防站和支队战保中心23辆消防车、97名消防员赶赴现场扑救。同时，茂名石化队12辆消防车、45名消防员赶赴现场进行救援。

12时50分许，火势基本扑灭，控制残余物料燃烧。18时50分许，明火全部扑灭。19时1分许，在顺丁橡胶装置凝聚单元碱洗塔附近地面杂物下搜寻到符某可，经医护人员确认已无生命体征。

（二）国家危险化学品应急救援茂名石化队处置情况

1. 接警出动

2021年3月15日11时43分，茂名石化队乙烯中队听到爆炸响声后，发现橡胶装置方向上空出现大量浓浓黑烟及火焰，中队8辆车36人迅速出动前往处置，首辆消防车于11时47分到达着火现场，向现场指挥部报到。现场碎片满地，形成十余处着火点，其中碱洗塔和回收单元火势猛烈，直接烘烤到丁二烯缓冲罐（V409、V402）、丁二烯换热器（E413）和正己烷油水分层罐（V205）等装载危险物料设备储罐。按照现场指挥部命令，乙烯中队迅速组织人员开展搜救、侦检工作。

11时49分乙烯中队请求增援，接处警室先后调动特勤中队增援4辆车19人（12时47分到达）、水东中队增援1辆车7人（12时31分到达）、炼油中队增援4辆车12人（12时48分到达）。

2. 战斗展开

第一阶段：侦检救人、东西夹击、层层推进。

11时47分，乙烯中队到达火场后，根据现场了解的情况，命令气防人员进行气体检测及人员搜救，同时安排主战车辆从东、西两面，出移动炮消灭外围着火点，层层推进，并打开现场固定水炮3门，冷却回收和凝聚单元受大火烘烤的设备及储罐。扑灭各阵地零星火后，继续深入现场对着火点周边设施进行冷却保护，并重点冷却保护现场受到烘烤的容器储罐。

第二阶段：四面包围、冷却保护、遏制爆炸。

12时2分，增援力量市综合性消防救援队伍和茂名石化队其他增援中队到达现场，根据现场指挥部命令加强在西面和北面的力量部署。现场凝聚单元和回收单元框架二层平台各布置3门移动炮，地面各布置4门移动炮对受高温影响较大的丁二烯缓冲罐和正己烷油水分层罐冷却保护，北面布置两辆举高喷射消防车冷却回收单元的丁二烯塔。

第三阶段：冒火关阀、适时灭火、消除隐患。

12时50分，现场总指挥命令，进行关阀断料工艺处理，指战员穿戴空气呼吸器及隔热服，分7批次14人从南侧凝聚单元三楼平台、北侧回收单元到二楼平台进行关阀断料。13时20分，火势得到有效控制。经过7h的艰苦奋战，18时50分，现场13处明火全部被扑灭。经检测现场储罐温度稳定，可燃气体侦测正常。21时50分，茂名石化队各增援中队陆续撤离。乙烯中队3辆车8人继续在现场监护、清障并进行设备容器物料转移。乙烯中队在现场24h监护至3月

25日，直至现场风险隐患完全被消除。

四、救援启示

（一）经验总结

① 队伍作风过硬，干部身先士卒。第一时间进入现场，及时开启固定消防设施，队员穿戴防护装备冒火关阀断料，表现勇敢。

② 出动及时，为救援争取时间。辖区乙烯中队听到爆炸声、看到冒烟迅速出动，4min即到达现场，第一时间将一名伤者送到医院救治。

③ 协同作战，分级指挥有序。应急预案启动后，第一时间成立现场指挥部，由茂名石化队担任总指挥，综合评估现场情况，指挥各应急救援队伍协同作战，根据现场的多个着火点，在东面、西面和北面划区域建立指挥所，使现场总指挥的指令能及时传达到位。

④ 风险管控及时到位。第一时间出动力量到场后，及时向车间人员了解情况，开展搜救和侦检工作，制订现场处置方案和风险识别方案，确保进入现场人员的安全。应急处置全程实施可燃气体、有害气体检测，全程不断进行安全提醒，成功完成救援任务。

⑤ 训练有素、战术明确。现场消防道路受阻，充分运用移动炮展开灭火，采取远攻控制冷却周围设备，避免事态扩大；积极派出消防员与工艺车间人员协作，进行关阀断料工艺处置，条件成熟后发起总攻，逐个灭火。

（二）存在问题

① 单兵通信相对落后。进入现场作业的救援人员单兵摄像器材相对落后，配置通信装备少，信号不稳定，现场指挥部不能实时进行监控并进行有效沟通指导。

② 现场碎片较多，没有及时安排人员清理消防通道。现场爆炸碎片及残骸较多，没有第一时间清理，在紧急撤退和人员逃生时不便于疏散，消防车辆无法进入相应位置进行战斗布置，存在较大安全隐患。

③ 搜救人员手段单一。在救援过程中，从始至终都安排了气防人员对失踪者进行搜救，在装置里外、上下分别搜索多遍都没结果，灭火后在离着火点很近、爆炸碎片覆盖的地方发现了遗体。

（三）改进建议

① 配备相对先进的个人通信装备，能在高危复杂的环境下确保有效沟通，便于现场指挥部实时掌握现场情况。

②应急状态时第一时间调集小型清障机械等设备，对现场及消防通道及时清理，确保进攻及逃生通道安全畅通。

③配备先进的无人化检测设备，减少人员进入现场作业，保障救援人员安全；配备先进的搜救装备，第一时间发现被困人员并营救，为伤员救治赢得宝贵时间。

2022年某化工厂化工分部2号裂解装置"3·30"泄漏着火事故

国家危险化学品应急救援茂名石化队

2022年3月30日13时37分,某化工厂化工分部2号裂解装置3号炉发生泄漏着火事故,事故未造成人员伤亡,直接经济损失为62.385万元。

一、基本情况

（一）事故单位概况

某化工厂始建于1955年5月,是新中国"一五"期间156个重点建设项目之一。目前,该公司炼油加工能力达到2000万t/a,乙烯生产能力达到110万t/a,同时拥有热电、港口、铁路运输、原油和成品油输送管道以及30万吨级单点系泊海上原油接卸系统等较完善的配套系统。

某化工厂主要有两个生产厂区:一是炼油分部的炼油生产厂区,占地400万m²,原油加工能力2000万t/a,炼油装置42套,主要产品有液化石油气、汽油、煤油、柴油、重油、沥青、溶剂油、芳烃、石蜡、润滑油、硫磺、石油焦、液氨等;二是化工分部的化工生产厂区,占地300万m²,共拥有主体生产装置19套,年产各种化工产品300万t,主要产品有苯乙烯、苯、甲苯、二甲苯、丁二烯、甲基叔丁基醚、橡胶、聚丙烯、聚乙烯、环氧乙烷、乙二醇等品种。炼油及化工生产的危险化学品共有26个品种。其中,化工分部生产厂区的裂解车间主要有1号和2号裂解装置两套装置,2号裂解装置是本次事故发生区域。

（二）事故现场情况

事故装置位于某化工厂化工分部,爆炸燃烧装置为化工分部2号裂解装置HB-103裂解炉第六组急冷器进料管入口异径管管壁撕裂处。

某化工厂2号裂解装置由某工程建设公司设计,裂解炉采用SL-1、SL-2、SL-1M型炉。2号裂解装置为640kt/a乙烯装置,按区域划分为四个单元,分别为裂解炉区、急冷区、压缩区和分离区。2004年12月开始建设，2006年9月建成投产，这是世界上首次由乙烯专利商和乙烯生产商联合开发全流程乙烯生产技术，包括裂解炉、低压激冷序列、分凝分馏塔和三元制冷技术等。

事故发生在2号裂解炉区，占地面积9327.50m²，装置共有7台裂解炉，包括三种裂解炉炉型，1台110kt/a循环乙烷气体原料裂解炉（SL-1型），位号HB-101；4台110kt/a液体原料裂解炉（SL-2型），位号HB-102～HB-105；2台110kt/a液体裂解炉（SL-1M型），采用中国石油化工科技开发有限公司（SINOPEC TECH）与美国ABB Lummus公司联合开发的技术（基于国产化CBL技术），位号HB-106、HB-107。裂解炉共有11层平台，最高平台高43.50m，烟囱最高点60m。系统主要由7套辐射段炉管、7套对流段盘管、39台急冷器（EB-101A～C、EB-102A～F、EB-103A～F、EB-104A～F、EB-105A～F、EB-106A～F、EB-107A～F）、7台汽包（VB-101～VB-107）、7台减温器、11台油急冷器（ZB-121～ZB-125、ZB-126A～C、ZB-127A～C）、7台引风机（BB-101～BB-107）、4个清焦罐（VB-121～VB-124）、7台消声器、21台裂解气大阀/清焦阀（MOV-21101～MOV-21701）、排污系统及注硫/注磷酸盐系统等组成。装置主要采用石脑油、液化石油气（LPG）、循环乙烷、循环丙烷和加氢尾油作为生产乙烯的原料。

（三）事故发生经过

2022年3月30日8时15分至8时25分，某化工厂裂解车间裂解岗位夜班（四班）与白班（二班）人员进行交接班。接班的白班（二班）员工为值班长凌某瑞，裂解班长陈某鹏，副班长何某浪，内操赵某欣、车某鸿，外操李某新。交接班后当班内操赵某欣、车某鸿在中控室监控DCS。

10时15分，白班（二班）中控主操赵某欣汇报调度，开始投料石脑油。当班内操赵某欣、车某鸿在中控室进行DCS操作，裂解班长陈某鹏、副班长何某浪、外操李某新在现场调整。

11时40分，裂解炉HB-103投料完成，投料负荷43t/h，每股稀释蒸汽流量4.80t/h，运行正常。

12时30分，裂解炉HB-103调整稳定。投料负荷44.8t/h，每股稀释蒸汽流量4.50t/h，运行正常。

13时17分，HB-103炉第六组急冷器压力由0.06MPa开始缓慢上涨，13时28分上涨至0.13MPa，同时稀释蒸汽流量略有下降，稀释蒸汽调节阀开度由

38.10%开始变大,进料量略有上升趋势;13时30分,急冷器入口压力达到压力表上限0.21MPa,稀释蒸汽流量继续下降,稀释蒸汽流量调节阀开度升高至40.70%且继续增大,石脑油进料量上升。

13时33分,主操赵某欣发现第六组稀释蒸汽流量由4.50t/h快速降低为零,稀释蒸汽调节阀开度增加至100%,急冷器入口压力已超过压力表量程上限0.21MPa。主操赵某欣马上汇报工艺员常某科、工艺主任唐某荣,工艺员常某科、工艺主任唐某荣接到主操赵某欣通知后赶赴中控室,同时主操赵某欣通过对讲机通知裂解班长陈某鹏、副班长何某浪、外操李某新到现场进行检查。

13时37分,裂解班长陈某鹏发现HB-103裂解炉第六组急冷器位置现场出现爆炸燃烧情况,马上通过对讲机通知主操赵某欣,主操赵某欣汇报调度并启动应急预案。

13时40分,所有在运裂解炉紧急停车退料。

二、事故原因及性质

(一)直接原因

某化工厂HB-103裂解炉裂解气急冷器存在结焦,开工后在原有结焦位置继续扩大结焦面积,导致裂解气压力上升。受裂解气压力升高影响,2号裂解炉第六组稀释蒸汽开始自动增压,增至100%后又明显下降,2min后稀释蒸汽压力开始急剧下降至零,导致EB-103F急冷器内换热管内孔急剧结焦,全部堵塞,从而导致急冷器进料管道内压力急剧上升,超过管道设计压力0.35MPa后(正常工作压力0.07MPa),急冷器进料管道入口处异径管管壁受压力影响呈撕裂状态,裂解后泄漏出来的乙烯、丙烯、乙烷、丙烷等混合蒸气与空气混合形成爆炸性混合物,遇裂解炉出口急冷器入口800℃以上高温(裂解炉出口温度为842～862℃)引起爆炸燃烧。

(二)间接原因

某化工厂裂解车间从业人员未严格执行本单位的《2号裂解装置裂解炉事故应急预案》等安全管理规定,在设备设施工况和参数出现异常状况后,应急处置工作不规范,应急处置不力。

(三)事故性质

该事故是一起一般生产安全责任事故。

三、应急救援情况

（一）救援总体情况

2022年3月30日13时37分，事故发生后，某化工厂立即启动应急响应程序，分别向市综合性消防救援队伍、应急管理局、生态环境局、某化工厂应急指挥中心报告事故情况。接报后，各有关部门的相关人员立即赶赴事故现场进行处置，大火于14时许得到有效控制，14时5分许明火被全部扑灭。

（二）国家危险化学品应急救援茂名石化队处置情况

2022年3月30日13时38分，茂名石化队乙烯中队接警出动后，中队9辆车35人迅速出动前往处置，出警路途中发现裂解装置方向上空出现黑烟及火焰，首辆消防车于13时41分到达着火现场。中队到达现场后，成立现场指挥部，警戒管控现场，安排人员搜救、侦检、展开战斗。

第一阶段：侦检救人、东西夹击、层层推进。

13时41分，第一出动力量乙烯中队到达火场后，设立火场指挥部，根据现场了解的情况，命令气防人员进入现场，进行人员搜救，安排打开现场全部未受影响的固定水炮。中队安排主战车辆从东南两面出车顶炮及移动炮对着火点进行控制燃烧，同时安排重点冷却3号裂解炉周边受大火烘烤的2号及4号裂解炉，指挥员命令继续深入现场用移动炮对着火点周边设施进行冷却保护。

第二阶段：东西夹击、冷却保护、遏制爆炸。

随后市综合性消防救援队伍增援力量和茂名石化队其他中队增援力量陆续到达现场。按照现场指挥部的指令分别将其部署在着火装置的西侧、西北侧力量相对薄弱区域展开战斗。开启西面现场底部及装置上高位固定水炮冷却保护炉区装置，在西南侧出1支自摆炮冷却4号炉区，西北侧停放3台增援举高喷射消防车，冷却保护2号、3号、4号炉区西侧设备管线。

第三阶段：冒火关阀、适时灭火、消除隐患。

13时45分，根据现场总指挥的命令，立即进入现场进行关阀断料处置。火场指挥员命令队员穿戴空气呼吸器及隔热服在车间人员指引下共派出1批次2人从东侧4号炉区进入七层平台进行关阀断料。13时50分，火势得到有效控制。14时2分，现场明火全部被扑灭。14时10分，现场指挥部命令现场战斗力量持续对着火点周边设施进行冷却保护降温。15时13分，现场指挥部命令逐渐减小冷却用水量。15时30分，泄漏点侦测正常，现场指挥部命令乙烯中队2辆车8人继续在现场监护，其余增援中队陆续撤离。

四、救援启示

（一）经验总结

① 干部身先士卒，队伍作风过硬。茂名石化队全员第一时间进入现场，及时开启固定消防设施，班长骨干在车间人员的指引下冒火关阀断料。

② 闻警而动，辖区乙烯中队接到警报后迅速出动，3min即赶到现场。

③ 企地应急联动有力，各应急救援队伍相互协同作战，配合默契，效率较高，总指挥的指令能及时传达到位并落实执行。

④ 训练有素、战术明确。茂名石化队推行"一周一练"，实地联合演练长输管线、高塔、大型油罐、高空管廊等应急救援难点的救援，重点加强与装置操作人员关阀断料联合训练，提高工艺处置效率。

（二）存在问题

① 事故现场秩序管控不到位，现场围观人员多而乱，存在很大的安全风险。

② 队伍超过服役期的举高喷射消防车性能严重下降，泵炮的水流压力达不到原设计值，影响灭火救援效率。

③ 现场设置的安全观察哨作用发挥不明显，安全提醒不够果断及时。

④ 没有第一时间调集通信指挥车到现场，作为现场讨论决策的小型会议室。

（三）改进建议

① 科学划分设置火场警戒区域，安排专人负责，对进入现场车辆和人员实施管控，确保现场安全受控。

② 加强对超期服役消防车辆的全生命周期管理，及时报废，更新配置新的替代车辆，保障队伍战斗力不降。

③ 设立安全观察哨，配置醒目衣物，确保第一时间将安全提醒传达到现场每一名救援人员。

④ 加强第一出动力量，第一时间调集通信指挥车到现场，为现场指挥部搭建创造条件。

2022 年某石化公司化工部 1 号乙二醇装置 "6·18" 火灾爆炸事故

国家危险化学品应急救援上海石化队

2022 年 6 月 18 日 4 时 24 分，某石化公司化工部 1 号乙二醇装置环氧乙烷精制塔区域发生爆炸事故，造成 1 人死亡、1 人受伤，直接经济损失约 971.48 万元。

一、基本情况

（一）事故单位概况

某石化公司，经营范围：原油加工，油品、化工产品生产，合成纤维制造，塑料制品制造，针纺织原料及制品等。其主要产品为石油产品、化工产品、合成树脂及聚合物产品、合成纤维产品 4 个大类。该石化公司由化工部、炼油部、烯烃部等部门和单位组成。化工部有 7 套化工生产装置：2 套环氧乙烷/乙二醇装置、2 套碳五分离装置、醋酸乙烯装置、聚乙烯醇装置和异戊烯装置。主要以乙烯和碳五馏分为原料，生产环氧乙烷、乙二醇、醋酸乙烯、异戊烯以及戊烷等化工产品。

（二）事故现场情况

乙二醇装置区主要由 1 号乙二醇装置、2 号乙二醇装置、环氧乙烷罐区、1 号乙二醇装置控制室、2 号乙二醇装置控制室（2 号控制室为抗爆控制室）等组成，占地面积约 46500m²，总建筑面积 11264m²。1 号、2 号乙二醇装置乙二醇总产能为 12.8 万 t/a、环氧乙烷总产能为 42.65 万 t/a。

事发的 1 号乙二醇装置于 1990 年 3 月投产，装置设计年产乙二醇 12 万 t、环氧乙烷 2.59 万 t。2013 年，通过第四次技术改造，新增一套环氧乙烷精制 T-450 系统，其产能提高至 20.25 万 t/a。2021 年 4 月，为了灵活调整乙二醇联合装置产品结构，某石化公司对 T-450 系统进料管线及侧线等进行了改造，改造后环氧乙烷总产能达到 25.85 万 t/a，其中环氧乙烷精制 T-410 系统的产能为 5.6 万 t/a，环氧乙烷精制 T-450 系统的产能为 20.25 万 t/a。

1 号乙二醇装置主体为钢结构，东西长约 240m，南北宽约 100m。1 号乙二醇装置分为氧化工段和精制工段，由乙烯氧化反应和环氧乙烷吸收系统、二氧化碳脱除系统、环氧乙烷汽提和再吸收系统、环氧乙烷精制系统、界区外环氧乙烷储存系统、乙二醇水合蒸发及U-550水处理系统、乙二醇干燥精馏和分离系统、二乙二醇和三乙二醇精制系统、辅助生产系统、废气焚烧炉单元等组成。

（三）事故发生经过

2022年6月18日4时24分左右，某石化公司化工部1号乙二醇装置T-450区域发生爆炸，4时28分再次发生爆炸，爆炸导致T-450碎片飞出，分别砸到卫五路高架管廊、金一路高架管廊、储运部一车间T-134罐和烯烃部B节点管线，共造成5处着火点。

二、事故原因及性质

（一）直接原因

环氧乙烷精制塔T-450塔釜至再吸收塔T-320的管道P-4507由北向南第三夹具处发生断裂，管道内工艺水（约104℃）大量泄漏，导致塔釜内溶液漏空（约68.37t）后，环氧乙烷落到塔釜底部，沿管道P-4507断口处泄漏至大气中，遇点火源起火爆炸。大火导致塔内环氧乙烷发生自分解反应，造成环氧乙烷精制塔爆炸。

（二）间接原因

① 安全生产主体责任不落实。该石化公司未牢固树立安全发展理念，没有处理好安全生产与经济效益之间的关系，重效益，轻安全，未能落实安全生产主体责任，未能有效督促从业人员严格执行本单位的安全生产制度及操作规程；单位主要负责人安全生产履职不力，未有效督促、检查本单位安全生产工作，及时消除生产安全事故隐患；公司相关部门检查监督力度不够，未对违反制度情况进行有效监管；相关从业人员未严格落实岗位安全职责，生产安全事故隐患消除不彻底，安全意识淡薄。

② 安全风险辨识不到位。该石化公司开展的企业老旧装置安全风险专项评估不到位，未辨识出环氧乙烷精制塔T-450系统循环工艺水管道泄漏、塔釜溶液漏空后，环氧乙烷泄漏的爆炸风险；未评估出管道P-4507堵漏打夹具部位突发泄漏引发的后果；未分析氯离子对不锈钢管道焊缝造成的应力腐蚀影响；未组织分析泄漏重复发生的原因，并制订相应的防范措施。

③ 设备完整性管理不规范。未严格执行该石化公司《设备、管道带压堵漏

技术管理规定》中的"实施带压堵漏的每条管道泄漏点一般不得超过二处",在不到3m长的受压管道上采用打夹具的方式进行了4处带压堵漏;对管道泄漏部位临时应急处理后,未及时对管道进行修复;未按照该石化公司《变更管理办法》,对管道P-4507的4处泄漏部位进行带压堵漏作业实施变更管理。

④ 厂区封闭化管理存在漏洞。某建筑装饰公司货车司机17日下午进入配送货物,作业结束将车停在厂区内,在车上休息。撤离时,被掉落管道砸中死亡。

(三)事故性质

该事故是一起生产安全责任事故。

三、应急救援情况

(一)救援总体情况

6月18日4时24分57秒,1号乙二醇装置现场人员电话报告化工部调度人员乙二醇装置闪爆着火。4时27分许,该石化公司向市应急联动中心报警。

6月18日4时25分,该石化公司119指挥中心接到报警,调集上海石化队纬三中队等36辆消防车前往处置。同时,向区综合性消防救援队伍请求增援。该石化公司化工部和上海石化队第一时间在现场采用关阀断料、冷却稀释、控制泄漏物、控制燃烧、扑灭罐体明火等手段进行应急处置。

事故发生后,市政府相关领导立即赶赴现场,组织消防救援、应急、公安、卫健、生态环境等部门和区政府按照《生产安全事故应急条例》(国务院令第708号)等有关规定,迅速启动市生产安全事故灾难专项应急预案,成立由专家指导组、工艺处置组、灭火监护组、综合协调组、环境监测组5个工作组组成的现场指挥部,全力开展抢险工作。

18日5时30分,储运部汽油罐T-134罐明火被扑灭。18日11时54分,烯烃部B节点管廊明火被扑灭。18日22时,爆炸点明火被扑灭。19日12时31分,金一路管廊明火被扑灭。19日16时30分,现场明火被完全扑灭。

(二)国家危险化学品应急救援上海石化队处置情况

18日4时25分,上海石化队119指挥中心接到"化工部乙二醇装置发生爆炸火灾"报警后,立即启动一级响应机制,按照加强第一出动的原则,第一时间调集全部主战力量,5个基层中队、47辆主战消防车、169名消防救援人员分赴现场,第一时间开展处置,经过36h的艰苦鏖战,搜救转移被困人员9人,救援队伍无一伤亡,装备器材无损失,成功处置了此次火灾爆炸事故。

1. 快速反应，重兵出击

119指挥中心陆续接到储运部一车间T-134罐和烯烃部高架管29廊B节点管线爆炸起火报警，指挥部调整作战力量，命令纬三中队、保障中队前往化工部火灾现场，纬八中队前往储运一车间T-134罐着火现场应急处置，纬九中队、白沙湾中队前往烯烃部高架管廊B节点管线着火现场应急处置；同时，119指挥中心立即向安全环保部汇报，向区综合性消防救援队伍和联防单位请求增援。

2. 控火救人，分区处置

4时28分，火场指挥部和纬三中队在赶赴1号着火点火灾现场途中，又接连发生爆炸，其爆炸物从消防车前呼啸而过。此时，现场火光冲天，浓烟滚滚，2号、3号着火点大量物料外泄，形成数十米高的烈焰，现场发出"嘶嘶"的异常尖锐声响，火势呈猛烈燃烧阶段，严重威胁着西侧办公区、南侧成品油罐区、北侧中控室、东侧丙烯腈罐区安全，如不采取有效措施，极易引发连锁反应，造成更大损失。

2号、3号着火点管线爆燃导致卫五路和金一路道路受阻，消防车辆无法前往1号着火点。火场指挥部立即做出力量调整，纬三中队立即处置火势较大的2号、3号着火点，派出侦检搜救组从卫四路绕道沪杭公路、卫六路进入1号着火点进行侦察、搜救。侦察搜救组进入1号着火点后，发现现场一片狼藉，爆炸后装置残片布满地面，现场仍有零星火苗蹿出，立即向现场指挥部汇报情况；同时，开辟救生通道，现场搜救3次，成功营救9名被困人员。现场作战指挥部立即将现场情况向总指挥部汇报，总指挥部商讨后调派联防单位金山救援支队力量前往处置。

现场作战指挥部命令侦检组对2号、3号着火点进行现场侦检，联系事故单位工作人员，询问是否有被困人员。同时，命令作战人员铺设好水带干线，消防机器人下车，做好进攻准备。火场指挥部经过综合分析研判，决定采取"先控制、后消灭"的战术原则和"救人第一、攻防并举、固移结合、冷却抑爆、堵截蔓延"的战术措施。

化工部战斗区：由纬三中队处置化工部东侧卫五路架空管网（2号着火点）、南侧金一路架空管网（3号着火点）2个着火点。将作战区域划分为两个战斗段，第一战斗段出动一台消防机器人、一台车载炮、三门移动炮，强攻冷却架空管网，堵截蔓延。第二战斗段出动一台消防侦检灭火机器人快速抵近金一路架空管网着火点东侧进攻，出三门移动炮强攻冷却架空管网，堵截蔓延。警戒组在金一路芳烃部4号门拉设警戒线，设置火场警戒哨。同时，设置安全观察哨，明确撤离信号、撤离路线和集合点。

储运部一车间战斗区：由纬八中队处置储运部一车间着火点（4号着火

点）。到达储运部一车间区域，发现为储运部一车间 T-134 罐顶着火，指挥员带领侦检人员进入现场，采取外部观察和抵近仪器检测。将作战区域划分为两个战斗段，第一战斗段车辆停靠在 T-134 罐组西侧，布设干粉消防车、18m 举高喷射消防车、移动炮冷却保护事故罐和邻近罐；第二战斗段车辆停靠在 T-134 罐组东侧，架设 56m 举高喷射消防车、移动炮持续冷却保护事故罐和邻近罐；同时，储运部一车间启动 T-134 罐固定泡沫灭火系统和喷淋冷却系统。5 时 30 分，大火被扑灭，继续冷却保护。

烯烃部战斗区：以纬九中队为主、白沙湾中队增援，处置烯烃部火灾（5号着火点）。到达现场后，通过火情侦察，发现着火区域为烯烃部 19 号物料管廊，火势呈井喷式燃烧，火焰射流横贯装置区内部道路，直接威胁到东侧裂解炉装置。指挥员带领侦检人员进入现场，采取外部观察和抵近仪器检测。第一战斗段车辆停靠在 19 号门南侧，攻坚组身穿隔热服调整固定炮，布设 32m 举高喷射消防车，移动炮冷却管网，堵截蔓延。增援力量白沙湾中队抵达现场后，架设 60m 举高喷射消防车对管廊东侧 2 号乙烯裂解炉装置（老区）冷却降温，其他车辆接力供水；在保证火场不间断供水的前提下，两辆大功率消防车出车载炮对着火区域地面流淌火进行泡沫覆盖，阻断地面流淌火向东侧蔓延态势。

战勤保障区：第一时间与生产单位了解现场着火介质、装置损坏情况、人员分布情况等信息，并及时反馈到火场指挥部，为灭火救援提供依据。根据灾情变化趋势，迅速调集一套远程供水系统、泡沫供液车、移动充气车、排烟照明车、60t 泡沫灭火剂、柴油油料、消防水带、充电设备、对讲系统等战备物资，协调生产单位及时启动固定消防灭火设施，确保前方不间断供水。镇海炼化队专门调派通信指挥车到达现场参与救援指挥。同时，架设 4G 图传系统，将现场视频实时传输到指挥大厅。

3. 工艺处置与消防技战术联用

18 日 5 时 30 分，4 号着火点被扑灭，继续冷却降温保护；10 时 41 分，2 号、3 号着火点形成保护性燃烧态势；11 时 54 分，烯烃部战斗区着火管廊明火全部熄灭，继续冷却降温保护，同时派出内攻组，对物料管线西侧配电房（机柜房）、北侧二楼机房内部火灾进行强攻，16 时 11 分，机柜房（三层建筑）内部明火已全部扑灭，火场全面转入冷却降温监护阶段。20 时 50 分，火场指挥部结合"6·18"现场指挥部工艺处置组"就近开孔设阀、带压封堵、注水排料、液氮封堵、加装盲板"的工艺措施中存在的安全风险，综合分析、科学论证现场情况后，研究确定采取"冷却稀释、水幕分隔、搭建围堰、泡沫覆盖"的战术措施。

调整力量部署：一是在化工部战斗区第二战斗段着火点南侧设置两道水幕水带防止气体蔓延，在卫五路与金一路交叉口利用沙袋设置一道围挡堵截流淌火，在围挡后方架设两门移动炮，消防机器人撤离至围挡后，阵地调整完毕，火场指挥部命令对围挡内区域进行泡沫全覆盖；二是将储运部一车间战斗区消防机器人调派到化工部战斗区第二战斗段，冷却保护管网。

19日10时20分，化工部战斗区第一战斗段火势突然加大，火场指挥部命令纬三中队在管廊东南侧增设一门消防水炮冷却保护管网；命令储运部一车间战斗区利用泡沫车出车载炮冷却保护管网，增设两门消防水炮冷却保护管网，56m举高喷射消防车出泡沫对管廊泄漏区域东侧自上而下进行冷却保护。

12时30分，火焰熄灭，但仍有气体外泄，空气中弥漫刺激性气味，根据侦检情况，及时作出作战部署调整，一是纬三中队攻坚组从下风方向进入泄漏区域东侧，增设两门移动水炮，雾状水稀释泄漏物；二是纬八中队立即调派侦检机器人对泄漏区域进行侦检，阵地向泄漏区推进20m，从北、南、西三个方向进行开花雾状喷射稀释泄漏物料，并铺设屏风水枪在东侧方向进行围堵稀释。

4. 近战强攻，合力歼灭

19日16时25分，现场指挥员命令侦检人员进入火场再次侦检。火场指挥部根据侦察和情况反馈，立即整合现场灭火、供水力量，确保器材装备准备就绪、灭火药剂充足、不间断供水，在区综合性消防救援队伍的配合下，命令全体参战力量，实施强攻近战，向着火点发起总攻。

16时30分，火势被完全扑灭，成功保护了整个厂区和周边群众安全，避免了更多灾害事故的发生。

5. 持续冷却，现场监护

火灾扑灭后，现场指挥部命令继续对事故管网进行冷却稀释，防止复燃复爆。

19日21时07分，经确认现场安全后，现场指挥部命令辖区中队继续实施驻防监护，其余车辆返回中队执勤战备。为全力做好"6·18"事故停车大检修驻防监护工作，上海石化队专门成立领导小组，制订驻防方案，结合检修规模大、工期长、危险系数高、涉及面广、动火等级高、交叉作业多等特点，从队员思想、队站组织、车辆装备、战备值班等方面调配力量，全力做好驻防监护。

四、救援启示

（一）经验总结

① 精湛的业务技能是事故成功处置的关键。上海石化队牢固树立"练为战"的思想，始终结合辖区工作实际，深入生产装置区开展实地踏勘、实战演练、作业监护等工作，使队员熟练掌握辖区基本情况，练就精湛的业务技能，是本次事故成功处置的关键。2022年共开展实地踏勘150余次，出动车辆325辆，人员2635人，累计时长583h；实战演练及桌面推演53次，出动车辆212辆，人员848人，累计监护时长245h；驻防监护83处，出动车辆918辆，人员2904人，累计监护时长9116h。

② 工艺处置在事故救援中发挥了"釜底抽薪"的关键作用。在该起事故救援中，该石化公司在第一时间全厂紧急停车，关闭相关着火管线阀门，并通过注水、注氮、带压封堵等措施减少剩余燃烧物料，确保了火灾的稳定燃烧并最终被扑灭。在处置化工事故时，优先考虑工艺处置，切断物料来源。

③ 初期有效处置及救援队伍密切配合、英勇作战是救援成功的前提。该起事故救援中，上海石化队一次性调集充足力量快速进入事故区扑灭罐体火灾、救出被困人员，避免了事故扩大。同时，与综合性消防救援队伍联合指挥、科学研判，采取保护性燃烧措施，而不是贸然扑灭火灾，避免了爆炸等次生事故的发生。在救援过程中，双方密切配合，抓住有利战机，强攻近战，勇往直前，共同扑灭火灾，实现了"1+1>2"的良好效果。

④ 智能化装备在事故救援中发挥了重要作用。上海石化队配备了一批高精尖的救援装备，在事故救援中，救援队伍利用消防机器人抵近进行冷却和灭火。消防机器人的投入避免了救援人员在危险环境下直接作业。同时，消防机器人具有气体侦测功能，在保证灭火效果的前提下，极大降低了伤亡风险，实现了智能化换人、机械化减人，有力保障了救援人员的人身安全。

⑤ 坚强有力的作战保障为成功处置火灾奠定了坚实的基础。在事故期间，城市消火栓系统供水压力从0.10MPa升到0.40MPa。上海石化队配备远程供水系统3套，共有消防泵房13座，流量为6170L/s；消防水池15座，水池总容量为5万 m^3，消火栓2300个。厂区内南侧是北随塘河，岸边设置2台远程供水泵，设置消防车取水平台2处；厂区外北侧有2条天然水源，在救援期间供水量达到10000 m^3/h；同时，上海石化队泡沫配备充足为灭火作战提供了坚强后盾，共有车载泡沫液175t、库存泡沫120t。强大的供水能力和充足的泡沫储量，有力保障了救援现场作战不间断。

（二）存在问题

① 与区综合性消防救援队伍、联防区的联勤联训联战机制建设还需进一步完善。

② 辖区内重点防护部位实战化训练有待加强。

③ 针对石油化工类火灾的特点，需进一步加强器材装备建设。

④ 现场应急通信保障能力差，119指挥系统中继台与生产调度中继台共用，存在信号干扰、占频问题。

（三）改进建议

① 进一步完善与区综合性消防救援队伍、联防区的联勤联训联战机制，做到互联互通，提高作战效能。

② 大力开展执勤岗位练兵，优化初战力量编成，深入辖区单位开展实地踏勘，修订完善应急预案，强化指战员对石油化工基本原理和基础知识的掌握程度，开展实战化操法训练和应急演练，提升应急处置能力。

③ 进一步加强消防机器人、无人机等现场装备的配备，优化战斗编成，培养操作先进装备的专业技术人才，加强器材装备的训练，实现人员与装备的有机结合，增强灭火救援处置能力。同时，消防队供电系统应采取双路供电或配备不间断电源（UPS），解决因停电造成的接收不到指令、车库门无法电动打开问题。

④ 消防专用通信应为独立的通信系统，不与其他系统合用。同时，建立健全各级灾害事故现场通信规则，对现场通信组织、现场下达命令呼叫和汇报呼叫程序进行严格的规范，定期进行通信演练和测试。

2023年某化工公司烷基化装置"1·15"爆炸着火事故

国家危险化学品应急救援中兵华锦队

2023年1月15日13时25分左右,某化工公司的烷基化装置水洗罐入口管道在带压密封作业过程中发生爆炸着火事故,造成13人死亡、35人受伤,烷基化装置严重损毁,装置界区管廊整体坍塌,管廊与装置北侧公用管廊交汇处多条管道断裂,相邻装置部分损毁,直接经济损失约8799万元。

一、基本情况

(一)事故单位概况

某化工公司成立于2012年5月21日,企业现有原料预处理、催化裂化、延迟焦化、连续重整及烷基化装置等23套主要生产装置,主要产品为丙烷、正丁烷、汽油、柴油、液化石油气等。

(二)事故现场情况

烷基化装置于2013年3月1日开始建设,设计产能为16万t/a,2014年12月建成投产。2016年2月,建设单位对该装置进行升级改造,改造后产能为20万t/a。烷基化装置区东西长108m,南北宽70m,占地7560㎡,由原料预处理、烷基化反应、流出物精制、产品分馏和化学处理等单元组成。生产工艺为液化气中的异丁烷与烯烃在硫酸催化剂作用下,反应生成高辛烷值汽油调合组分烷基化油。事故管道位于流出物精制单元,反应流出物经酸洗、碱洗后流经事故管道进入水洗罐,流出物精制单元由原料加氢精制、反应、制冷压缩、流出物精制和产品分馏及化学处理、甲醇制氢等几部分组成。

(三)事故发生经过

2023年1月11日,该化工公司发现事故管道弯头(2022年4月19日泄漏位置)夹具边缘处泄漏,设备部组织某维保公司进行维保,并于1月11日、12日、14日三次组织堵漏,均未成功。三次堵漏均未按企业内部规定向安全管理部报备。

1月15日上午,烷基化装置水洗罐流程走旁路,入口阀门关闭,出口阀门开度在10%～15%，罐内注水顶油，其余设备正常运行。13时左右，维保公司领队携带新制作的夹具，带领3名作业人员进入现场，组织实施带压密封作业。烷基化车间联系2台吊车和3名人员到场配合。现场采用2台吊车各吊1个吊篮，每个吊篮里安排2名堵漏作业人员，分别由吊车吊至泄漏点旁。吊车用对讲机指挥（对讲机为非防爆型）。烷基化车间安排6名监护人对作业面进行立体监护，车间主任李某某与新项目班长在水洗罐D-211罐顶平台监护。13时23分56秒，用于新夹具定位的卡盘安装完成，新夹具就位。新夹具两侧拟各用3套螺栓紧固。

13时24分10秒，维保人员在新夹具两侧各安装紧固1套螺栓时，原夹具水平端的管道焊缝处突然断裂，大量介质从断口喷出，原夹具被喷出的介质冲击而脱离管道并飞出。维保公司领队立即用对讲机呼叫吊车司机紧急落地。现场监护人员立即向外疏散。另一吊车司机立即将吊篮吊离作业面，并拔杆将吊篮升至远高于烷基化反应器R-201C所在框架104SS6。车间主任李某某立即从水洗罐顶平台跑回中控室，安排烷基化装置内操人员紧急停车。

13时25分53秒，烷基化装置区发生爆炸并着火。

二、事故原因及性质

（一）直接原因

事故管道发生泄漏，在带压密封作业过程中发生断裂，水洗罐内反应流出物大量喷出，与空气混合形成爆炸性蒸气云团，遇点火源爆炸并着火，造成现场作业、监护及爆炸冲击波波及范围内人员伤亡。

（二）间接原因

① 项目建设期间，在施工单位建议下，建设单位未经设计变更擅自决定将事故管道用20钢代替316不锈钢，监理、竣工验收及监督检验等过程均未发现事故管道材质与设计不符问题，降低了管道耐介质腐蚀性能。

② 事故管道首次带压密封作业时，未对弯头泄漏根本原因进行认真排查，未按规定进行壁厚检测；再次泄漏带压密封堵漏作业时，没有按照规范要求制订施工方案和应急措施、开展现场勘测和办理作业审批，违规冒险作业，致使紧固夹具时事故管道突然断裂，易燃易爆介质大量泄漏并扩散。

③ 特种设备日常管理严重缺位，事故管道年度检查缺失，法定定期检测流于形式，未发现事故管道材质与设计不符的严重问题，未及时发现并处置事故管道严重腐蚀的问题。

④ 作业审批不落实，带压密封作业现场管理混乱，防火防爆安全风险管控不力，违规用汽车吊吊装人员，带压密封作业现场使用非防爆对讲机，造成现场大量泄漏的易燃易爆介质遇点火源发生爆炸。

（三）事故性质

经事故调查组认定，该化工公司"1·15"爆炸着火事故是一起重大生产安全责任事故。

三、应急救援情况

（一）救援总体情况

1. 企业自救情况

事故发生后，该化工公司立即启动公司级应急救援预案，组织人员疏散，全公司紧急停工，切断与火场有关的全部危险介质进出料管道。13时31分，该化工公司消防队7辆消防车（18t水罐泡沫消防车1辆、23t泡沫车1辆、16m/32m/64m举高喷射消防车各1辆、轻型泡沫消防车2辆）和27名专职队员到达事故现场展开救援，保护罐区，控制火势蔓延。油品车间紧急启动罐区水喷淋，保护距火场较近的液化烃球罐。

2. 属地政府组织救援情况

13时27分，县综合性消防救援队伍接到报警电话，立即调派高升消防救援站1辆消防车7名消防救援人员、岳山街消防站5辆消防车21名消防救援人员，分别于13时35分和13时50分到达现场展开救援，并相继搜救出4名被困人员送医救治。

13时27分，县应急管理局接到事故报告，立即启动应急响应，于13时47分赶到事故现场组织救援。

13时27分，市综合性消防救援队伍指挥中心接到报警，立即调派288名消防救援人员、59辆消防车赶赴现场组织救援，13时59分，第一到场力量立即展开应急救援工作，再次搜救出1名被困人员。

市委、市政府立即启动突发事件应急响应，市公安局组织刑侦部门、内保部门、交警部门、网安部门和属地派出所及周边派出所等300余人开展应急救援工作；市生态环境局组织执法队和专家开展环境应急监测工作；市住房和城乡建设局组织各类工程车辆51辆、市政工程抢修队伍派出150人，恢复居民供热；市交通运输局组织135辆公交、货运车等参与应急救援；市卫生健康委调派80名医护骨干和20辆急救车赶赴事发现场开展紧急医疗救援和伤员转运工作。

接到事故报告后，省委、省政府领导立即作出批示，责成应急、公安、市场监管、消防救援等部门赶赴现场组织应急处置。应急管理部调动抚顺石化队5辆车22人参与事故救援，副省长、省消防救援总队总队长、副总队长带领总队全勤指挥部到达现场，按照应急管理部和国家消防救援局的要求，组织开展应急处置工作。同时，省消防救援总队迅速调派锦州支队、营口支队的42辆消防车、134名消防救援人员跨区域增援，于18时33分相继到达现场参加应急救援。

在此期间，该化工厂搜救队和综合性消防救援队伍共同配合，全力营救被困人员、阻止火势蔓延，先后营救被困人员44人，疏散周围群众600余人；按预案启动罐区喷淋，利用高喷炮及消火栓供水对701罐、804罐进行冷却抑爆，同时2辆车从着火车间东南侧堵截火势向东侧和南侧蔓延，消灭管廊及其外围火势。

23时22分，现场火势基本得到控制，救援队伍进一步展开现场搜救。1月18日12时许，经过近70h救援，现场明火被彻底扑灭。19日10时30分，搜寻出最后一名失联人员遗体残骸。至此，人员搜救工作全部结束。最终确认事故共造成13人死亡、35人受伤。事故未引发其他次生灾害。

（二）国家危险化学品应急救援中兵华锦队处置情况

1. 接警出动

14时2分，中兵华锦队接到市综合性消防救援队伍指挥中心命令，要求中兵华锦队前去增援。接到命令后，中兵华锦队立即出动5辆消防车、29名消防救援人员，一次性投入水56t、泡沫44t，于14时38分抵达现场。

2. 救援经过

按照火场指挥部要求，重点对着火装置东侧C501、C601球罐进行冷却保护，同时下达对整个球罐区6个球罐进行严防死守、必须保证球罐区安全的命令。

因C501和C601罐位于罐区西侧，距离爆炸着火装置只有几十米，罐内温度不断上升，有爆炸的危险，队长命令在两个球罐西侧布置2支移动炮阵地，对罐体进行持续冷却降温，保证罐体内温度稳定。

16时13分，该化工公司一名职工向中兵华锦队求救，称在爆炸装置范围内有人员被困，请求中兵华锦队进行搜救。在了解清楚情况后，立刻由中兵华锦队战训管理员、带队队长和两名队员组成搜救小组，与市综合性消防救援队伍共同进入现场开展被困人员的搜救工作。16时20分，中兵华锦队发现一名被困受伤人员，随即与市综合性消防救援队伍共同将被困人员救至安全处，由医护车辆送至医院进行救治。

18时35分，现场消火栓出现压力不足情况，不能保障前方移动炮冷却用水。为保证移动炮冷却用水不间断，中兵华锦队重新制订供水方案，充分利用现场地面和球罐区防护堤内大量积水，采取手抬机动泵抽取地面和球罐区防护堤内积水的方式，向前方进行不间断供水。

1月16日3时30分，接到火场指挥部命令停止对C501和C601球罐的冷却，灭火器材原地不动，所有车辆撤出至厂区三号门处待命。1月16日21时36分，火场指挥部命令队伍收整器材车辆归队，整个救援过程共历时近31h34min。

四、救援启示

（一）经验总结

① 此次救援行动组织严密，指挥科学，措施得当，党员骨干冲锋在前、领导干部靠前指挥，充分展现中兵华锦队顽强的战斗作风和不怕牺牲的大无畏精神。

② 指挥员临机指挥灵活机动，当发现现场消火栓压力不能满足供水时，能灵活利用现有条件，充分利用现场罐区内大量积水，使用自吸泵为消防车供水，保证了现场阵地用水不间断，保障了救援顺利进行。

（二）存在问题

① 队伍建队时间较短，队员缺少大型灭火实战经验，出现心理紧张现象。

② 队伍在低温天气下开展救援经验不足，防寒工作准备不到位，严重影响救援工作的开展。

③ 队伍后勤保障装备不足，跨区域或大型救援任务持续作战能力差。

（三）改进建议

① 加强队伍实战化演练，特别是有针对地增加真火模拟训练等科目，帮助队员们克服恐惧心理，提高应对各类突发事件心理承受能力。

② 提前开展风险识别，针对不同场景事故救援类型制订出动方案编程，确保各类防护救援装备提前携带，并适应救援场景。

③ 配置后勤保障车辆，保障队员在参加大型救援任务过程中，能够得到较好的轮流休整和充足后勤保障，提高队伍持续作战能力。

2023年某化工有限公司双氧水装置"9·14"爆燃事故

国家危险化学品应急救援中原油田队

2023年9月14日0时21分，某市工程塑料产业园区某化工有限公司双氧水装置发生爆燃事故，事故未造成人员伤亡。

一、基本情况

（一）事故单位概况

某化工有限公司成立于2022年9月28日，公司现有装置为30万t/a硫磺制酸、30万t/a己内酰胺生产装置、35万t/a环己酮扩能装置、环己酮己内酰胺尾气综合利用装置、8万t/a高性能尼龙等6套生产装置、集中供热设施。

（二）事故发生经过

某化工有限公司双氧水装置二期检修期间，纯化单元继续运行，2023年9月13日因纯化成品槽装满，于8时树脂塔停止进料，用氮气将树脂塔中双氧水压回原料罐后，继续通氮气到15时35分（检修氮气管线），树脂塔的树脂床层吸附的双氧水缓慢分解，树脂吸附的杂质加剧双氧水分解，压完双氧水停止通氮气，进一步阻隔了树脂床层与外界的热量传递。双氧水分解放出的热量难以移出导致局部温度升高，最终14日0时36分树脂床层中吸附的双氧水剧烈失控分解，引起树脂塔爆炸。

二、事故原因及性质

（一）直接原因

树脂塔没进行纯水置换，氮气压料完成阀门关闭形成密封端，设备超压造成爆炸。

（二）间接原因

一是风险识别不到位，企业未能正确识别设备形成密闭空间后双氧水分解所造成的危害和风险。

二是未按照操作规程对树脂塔进行处理。

三是DCS操作人员没有起到监护作用，没有及时发现树脂塔压力温度升高。

四是停车期间部分装置仍继续运行，没有对施工形成有效的管理，着急开车导致装置处理不到位，安全管理流于形式，安全培训与交底不到位。

（三）事故性质

该事故是一起由工艺操作引发的危险化学品装置爆炸着火事故。

三、应急救援情况

（一）救援总体情况

2023年9月14日0时21分，某市工程塑料产业园区某化工有限公司双氧水装置发生爆燃事故。市综合性消防救援队伍指挥中心接警后，先后调集16个消防救援站、45辆消防车、195名消防救援人员赶赴现场处置。地方政府领导第一时间到场指挥灭火工作。经过消防救援人员15h的艰苦奋战，疏散群众近1500人，成功保住了邻近双氧水生产装置及毗邻的3个罐区（7个双氧水罐5720m³，3个工作液罐2489m³，3个芳烃罐417m³，2个硫酸罐2920m³和液碱、甲醇、烟酸、四丁基脲罐各1个共2302m³）的安全，避免了一起特别重大人员伤亡事故的发生，受到了各级领导、人民群众和社会各界的高度赞扬。经与县政府工作人员核实后确认，此次事故未造成人员伤亡。

（二）国家危险化学品应急救援中原油田队处置情况

1.队伍接警出动情况

2023年9月14日0时21分，某化工有限公司二期双氧水装置发生着火爆炸，着火爆炸前二期双氧水生产装置区正在组织检修，进料已采取了断供措施。

中原油田队于2023年9月14日3时25分接到增援电话，应急救援六大队迅速出动2台泡沫车、12名消防救援人员赶往现场，并第一时间向中心119火调指挥室和带班领导进行汇报，配合当地消防队伍开展火灾扑救工作。3时42分，大队出动力量到达现场。指挥员向现场指挥部报到并领受任务，及时与县应急管理局进行沟通。现场指挥部命令六大队增援力量在经二路南侧待命。

9时22分，中原油田队接到县应急管理局、县公安局求援电话，称现场火势仍未得到有效控制，急需危化救援专家和专业救援力量到场增援。队伍主要领导带领技术专家组和全勤指挥部迅速出动。同时，调集应急救援九大队、特勤大队出动大功率泡沫消防车、举高喷射消防车、大吨位泡沫供液车、侦检无人机、通信设备、大流量移动炮等专业车辆9辆、39人的增援力量赶赴现场增援。

2. 救援处置情况

10时17分，增援力量全部到达事故现场，队伍主要领导带领专家组及作训部门深入火灾现场进行侦察检测，与厂区技术人员沟通了解情况，根据侦察检测数据和现场实际情况，提出了四点针对性的建议：一是要使用高倍数抗溶泡沫，提高灭火效率；二是阵地设置要实行全方位、立体布置，便于全面冷却、集中灭火；三是要大流量移动炮与泡沫枪合理配置，便于灵活机动、精准灭火；四是灭火后，要持续增加冷却时间和强度，防止复燃复爆。

现场指挥部立即调整力量部署，按照"全面控制、强攻近战"的作战原则，一边利用举高喷射消防车和移动炮对着火装置及邻近装置全面加强冷却防止事态扩大；一边利用泡沫枪和移动炮，按照"先外围、后中间，先地面、后地上"的原则，出泡沫对周边的流淌火和零星火展开扑救。

中原油田队全面负责事故装置西侧战斗段进行灭火处置，根据现场条件利用大功率泡沫消防车出两门泡沫炮用高倍数抗溶泡沫液对地面流淌火实施覆盖，迅速将地面流淌火扑灭。为防止不明储量罐体持续受明火烘烤发生爆炸，布置一门泡沫炮持续出水对装置进行降温防止复燃。三层平台一立罐根部法兰泄漏并产生大量流淌明火，其角度与位置实施灭火难度大，一门泡沫炮持续对罐体冷却实施保护燃烧，待泄漏量逐渐减少、火势变小后，中原油田队出一支泡沫管枪实施精准灭火。13时43分，所有明火全部被扑灭。中原油田队命令所有参战力量对事故装置持续进行全面降温冷却。15时02分，经侦察检测现场已无复燃可能，灭火战斗结束。按照现场指挥部命令，将现场移交给当地救援队伍，中原油田队参战车辆人员按要求返回。17时57分，所有参战力量全部归队恢复战备执勤。

在此次灭火战斗，中原油田队共计消耗水2322t、泡沫42.50t。

四、救援启示

（一）经验总结

① 科学研判、快速响应。中原油田队在接到增援指令后，第一时间调集距离事故单位最近的应急救援六大队进行增援；接到县应急管理局、公安局求援

电话后，迅速启动二级响应机制，对中心备勤休班人员进行紧急召回，同时调集应急救援九大队、特勤大队出动大功率泡沫消防车、举高喷射消防车、大吨位泡沫供液车、侦检无人机、通信设备、大流量移动炮等专业车辆9辆、39人的增援力量，用时55min奔袭70km赶赴现场增援，为此次灭火救援成功处置打下了坚实的基础。

② 全面沟通、信息支撑。六大队到达现场后，第一时间向火场指挥部汇报增援力量和队伍情况，领受任务，积极全面掌握救援现场情况，并向中原油田队主要领导进行汇报，为增援的第二出动力量提供了信息支持。队伍主要领导及时到现场指挥部报到并领受任务，随后带领专家组及作训部门深入火灾现场进行侦察检测，与厂区技术人员沟通了解情况，根据侦察检测数据和现场实际情况，提出了相关处置建议，使整个灭火救援过程得到了成功处置。

③ 战术得当、执行坚决。根据深入现场了解的情况，考虑装置内部物料量大、着火点多、立体火灾扑救难度大等特点，中原油田队迅速确定了"全面控制、强攻近战"的作战思想，在征得现场指挥部同意后，中原油田队伍迅速进场，部署灭火阵地，按照"先外围、后中间，先地面、后地上"的作战原则，对火灾实施全面控制，逐个消灭。参战人员面对装置区猛烈燃烧及辐射高温、浓烟等不利因素，不畏艰险、冲锋在前，合理的战术和坚决的战斗作风为火灾成功处置奠定了基础。

（二）存在问题

① 车队编队开进意识有待加强。增援力量在赶赴现场途中，未实施编队开进，车队前后距离过大、速度过快，在通过红绿灯路口时易发生交通事故。在远距离跨区域作战时，编队开进团队安全意识有待进一步加强。

② 对讲设备受距离限制影响通信联络。在奔赴现场途中发现，通信对讲设备超过2km就会出现通信联络不畅的情况。

③ 消防救援人员作战素养有待加强。在灭火作战过程中，基层消防救援人员还存在战斗展开缓慢、基本功不扎实的现象。主要体现在：一是部分消防救援人员在铺设供水干线时速度缓慢；二是部分消防救援人员不会根据现场情况选择水枪、水炮阵地最佳设置位置；三是部分消防救援人员不能根据冷却、灭火的需要，合理调整灭火剂喷射的方位和落点，存在盲目喷射的现象。

（三）改进建议

① 加强远距离跨区域编队开进的团队意识和安全意识教育。多车或多队

开进时要实施编队整体开进，切勿各自为战；编队开进时，前车要合理控制车速，并与后车保持通信畅通；车队通过路口时要注意观察降速通过，确保车队安全。

② 进一步升级改进对讲通信设备，确保团队作战时刻保持通信畅通。

③ 加强对基层消防救援人员的业务训练和培训。队伍要每天坚持业务训练和学习，主要包括基本功训练、技战术训练、装备实操训练和专业知识学习等内容，增强基层消防救援人员的专业水平和战斗素养。

石油化工储罐事故

2006 年某石化公司聚乙烯厂液态烃罐区"11·28"泄漏火灾事故

国家危险化学品应急救援吉林石化队

2006年11月28日15时20分，某石化公司聚乙烯厂液态烃罐区发生泄漏着火事故，造成1人受伤，直接经济损失为24万元。

一、基本情况

（一）事故单位概况

聚乙烯厂是某石化公司的主要生产厂，占地面积173万 m^2。工厂1993年11月动工兴建，1996年9月建成投产，现有70万 t/a乙烯、30万 t/a高密度聚乙烯、27.40万 t/a低密度聚乙烯、50万 t/a（2套）航空煤油共计5套主要生产装置。聚乙烯厂可生产乙烯、聚合级丙烯、化学级丙烯及氢气、乙炔、裂解碳四、混合苯、低密度聚乙烯树脂DFDA7042、高密度聚乙烯PE100级管材料JHMGC100S、航空煤油等40多种化工原料及产成品。

（二）事故发生经过

2006年11月28日14时左右，聚乙烯厂油品车间西部班长董某春带领当班液态烃岗位班长刘某丰一起到V9301处准备进行脱水作业，由于刚刚更换了该脱水阀，在脱水前有蒸汽对阀门进行加热。14时30分左右，二人按操作要求对该罐进行脱水作业。15时左右，二人准备对V9302罐进行脱水作业，第一道阀门开两扣，第二道阀门开两扣，未见水流出，刘某丰到现场进行接胶管、通蒸汽，董某春持胶管对阀体进行加热约10min，从脱水口处排出浆糊状液体，此时刘某丰去V9301清理现场卫生。15时20分左右，刘某丰听见"嘭"的一声，随后就发现现场着火，由于现场火势较大无法靠近并关闭脱水阀，二人迅速开启现场高压水炮和储罐水喷淋装置对罐体进行冷却，液态烃泵房内操郭某红向车间主控制室报告，主控室内操报火警并向工厂调度报告，车间组织岗位人员进行扑救，切断与该罐相连的物料管线。接到报告后，工厂、公司分别启动两级应急预案，成立了现场指挥部，并根据现场情况，利用罐区现有的消防设施和消防车、移动炮控制燃烧，对相邻储罐进行冷却、降温，同时投用工厂事故缓冲池，到29日5时59分，火被扑灭，事故造成1人烧伤。

二、事故原因

（一）直接原因

在进行脱水作业过程中，排放管内的丁二烯端聚物受热发生爆炸引起着火。

（二）间接原因

① 在《油品车间防寒过冬方案》中没有对裂解碳四带水物料予以考虑，没有对V9301、V9302脱水操作做出任何描述；在岗位操作法中也没有对V9301、V9302脱水操作做出表述，反映出工厂工艺管理不到位，没有按照公司要求组织编写相关技术文件，导致操作人员按习惯性做法进行操作。

② 对各项生产操作存在的风险，特别是脱水作业过程中存在的风险识别不够；对裂解碳四产生端聚物以及所带来的风险认识不足，没有采取有针对性的预防性措施。

③ 当班定员为3人，而当天在岗人员仅有2人，该班蔺某被调到化工一班去替班，未履行审批手续，反映出车间的劳动组织不合理。

三、应急救援情况

2006年11月28日15时20分，吉林石化队四大队、特勤大队正在训练场进行体能训练，发现聚乙烯厂方向浓烟滚滚，2个大队闻警即动，同时支队调度中心接到报警后也相继调派其他4个消防大队，共39辆执勤车辆、363名指战员赶赴现场扑救；调派防护队的救护车辆及医护人员到达现场。经过全体消防官兵16h的共同努力，吉林石化队先后采取了大水流冷却、防止爆炸，切断物料、火炬排放，加强冷却、放空燃烧，注氮增压、防止回火爆炸等战术处置措施，成功保住了液态烃罐区内的12个储罐，于29日5时59分扑灭大火。

第一阶段：大水流冷却，防止爆炸。

四大队在向火场行驶途中，发现聚乙烯厂油品车间上空烟雾很大，随即向支队调度室请求增援，并要求通知聚乙烯厂调度室为消火栓加压，确保火场供水。到场后，经火情侦察发现储罐底部火势呈喷射燃烧状态，四大队全体车辆及参战人员按灭火预案战斗展开，即1号车在着火罐南侧出一门移动水炮，2号车在着火罐东南侧先出车载炮进行冷却压制火势，待铺设好水带干线后改移动水炮，4号车、5号车分别在着火罐东侧和东北侧出移动炮进行冷却，为了保证冷却强度，参战人员冒着随时爆炸的危险，近距离作战，将水炮阵地全部设置在着火罐的防护堤内，对V9302罐底部的管线和阀门进行强力冷却，防止V9302罐发生爆炸。同时，大队指挥员向厂方工作人员了解起火部位及罐体的相关情况，并要求厂方人员开启着火罐和毗邻罐V9301、V9501、V9502罐的水喷淋装置，防止受热辐射影响，毗邻罐温度升高而发生爆炸。同时，特勤大队立即协同四大队开展各项灭火工作，组织举高喷射消防车在液态烃罐区的北侧展开战斗，并连接附近的消火栓，对着火罐V9302的西北部和毗邻的V9301罐东北部进行冷却。

第二阶段：切断物料，火炬排放。

支队领导赶到火灾现场后，立即在着火罐东侧成立火场指挥部，命令三大队4号车在液态烃罐区北侧为特勤大队举高喷射消防车供水。一大队2号车停在罐区东北侧，长距离铺设水带至罐区东侧，出一门移动水炮冷却着火罐；4号车、5号车在罐区的南侧分别出一门移动水炮，对着火罐底部和毗邻罐V9301进行冷却。支队一名人员负责对着火罐实施全方位安全观察，发现储罐异常情况时通知全体人员及时撤离。增援力量部署完毕后，总指挥立即与公司及厂方人员取得联系，进行下一步工作准备：一是总指挥要求工厂人员关闭与着火罐V9302相连的所有进料管线阀门，切断物料来源，同时打开着火罐与火炬间的管线阀门，将着火罐的部分物料通过火炬进行排放燃烧，放空排险，防止事态进一步扩大；二是请示公司领导成立抢险小组，进入着火罐底部关闭泄漏点阀门，将经济损失及火灾危险降到最低限度。请示得到批准后，切断物料和放空排险工作任务由工厂人员负责，关闭阀门由特勤大队负责，总指挥同时命令一大队利用消防钩将着火部位的铁皮和保温材料等障碍物进行破拆清理，为灭火和冷却工作提供便利，6号干粉车沿着火罐东侧防护堤最大限度接近起火部位，做好干粉炮灭火准备。特勤大队的照明车在罐区的东北侧为火场照明。

第三阶段：加强冷却，放空燃烧。

为了加强冷却效果，增大冷却强度，五大队到场后，按照火场指挥部命令，在液态烃罐区的东南侧由1号车出两支水枪、4号车出一门移动炮、3号车在罐区北侧长距离铺设水带将移动炮架设在V9301罐与V9302罐之间的过道铁桥上，两支水枪和两门移动炮同其他作战力量一样在防护堤内对起火部位进行冷却。二大队到场后也随同五大队在罐区南侧，由4号车出一门移动水炮主攻起火部位。由于火场内部冷却水用量较大，防护堤的排水设施已不能满足现场的排水需要，水位不断上升，进入防护堤内的冷却水已经从防护堤的上沿向外涌出，给现场作战行动带来了极大不便，火场指挥部命令特勤大队立即组织人员在罐区西北侧将防护堤进行破拆，帮助排水。同时，支队调度指挥中心接到公司调度室通知，聚乙烯厂消防水池内储水量不断下降，消防用水在较短时间内无法得到保障。根据这一情况火场指挥部召开紧急会议，研究部署解决策略，同时由总指挥将情况向公司领导进行汇报，得到批准后，火场指挥部立即对现场的灭火力量及车辆位置进行调整，命令三大队4号车、一大队2号车和二大队1号车分别停在罐区的北侧、东北侧和南侧靠近防护堤，吸取防护堤内的冷却水为车辆供水，其他车辆位置和任务不变，所有移动炮向起火部位发起总攻。

第四阶段：注氮增压，防止回火爆炸。

在火势得到有效控制后，火场指挥部请求公司及厂方人员向着火罐V9302内注入氮气，增加罐内压力，保证罐内物料的正常排出，防止因压力减小导致回火爆炸。次日凌晨，起火部位火势相应减小，火场指挥部命令特勤大队2名人员与工厂技术人员身着避火服进入着火罐底部，将罐的出料口阀门成功关闭，同时寻找管线准备向罐内注水，排除险情。29日5时59分，由于罐内的物料燃尽，明火熄灭，火场指挥部立即命令所有水炮改为开花式水流驱赶并稀释气体，特勤大队通过复合式气体检测仪对V9302储罐底部的气体浓度进行检测。公司领导及消防支队其他人员对现场人员、车辆及一切可能造成气体爆燃的火源进行清除，30min后，现场气体浓度低于爆炸下限，火场指挥部命令所有水炮停止射水，命令四大队2号车、4号车及其人员在现场进行监护，其他力量整理器材返回。

四、救援启示

（一）经验总结

① 出动快、战斗展开迅速。辖区大队四大队、特勤大队发现聚乙烯厂方向浓烟滚滚，两个大队闻警即动，并向支队调度中心汇报，在向火场行驶途中请求增援，为力量出动赢得了宝贵时间。

② 参战人员英勇顽强、不怕牺牲。参加本次火灾扑救的全体消防官兵不仅冒着储罐随时爆炸的危险，近距离作战，而且克服天气寒冷带来的不利影响，前方作战水炮手在防护堤内水位增高、靴子内部和下半身全部被水浸透的情况下，在水中整整坚持16h，无一人退缩。

③ 战术运用得当合理。在火灾扑救过程中，火场指挥部根据现场情况变化，及时采取有效战术措施，在火灾第一、第二阶段强力冷却和关阀断料，第三阶段吸取防护堤内冷却水反复使用，组织参战人员实施轮换制，以及火灾最

后阶段的注氮增压，这些战术在本次火灾中因地制宜使用，取得了良好的成效，也为成功扑救火灾奠定了基础。

④ 后勤物资保障有力。后勤保障工作成了本次火灾成功扑救的重要因素。装备科及时与公司机动设备部门取得联系，调集棉袄和连体下水裤共500余件，保证了前方人员的保暖和衣物的更换；调集油料补给车2台，为参战车辆提供充足燃油。综合办公室及时为参战人员提供食品及饮料，保障作战人员体力充沛。

（二）存在问题

① 火灾扑救过程中，前方参战人员数量过多。个别车辆停靠方向、位置不合理。

② 现场通信不畅，通信设施不能满足在火场长时间作战需要，手持对讲机电池使用时间短，在火场燃烧进入第二阶段时，绝大多数的手持对讲机电量已用尽。

（三）改进建议

① 强化灭火救援现场处置程序培训，合理部署作战人员，减少前沿阵地人员。

② 配置对讲机备用电池，保障现场长时间通信畅通。

2010 年某石化公司罐区"1·7"火灾爆炸事故
国家危险化学品应急救援兰州石化队

2010年1月7日17时24分，某石化公司316号罐区因轻烃泄漏发生爆炸起火，第一次爆炸发生后，先后又发生了三次爆炸，形成了四大燃烧区域，对周边村民和企业财产造成了一定损失。

一、基本情况

（一）事故现场情况

316号罐区位于石化公司厂界区内，其东侧是毫秒炉装置，西侧为铁路线，南侧为干气精制装置和重油罐区，北侧为327号循环水站。储罐区共有各类储罐30个，其中液态烃储罐13个、油品储罐16个、碱罐1个，属于原合成橡胶厂、石油化工厂中间产品罐区。

罐区内有120m³丙烯罐3个、120m³丙烷罐2个、120m³1-丁烯罐1个、120m³拔头油罐2个、120m³轻烃罐2个、400m³废碱球罐1个、400m³碳四球罐4个、400m³丁二烯球罐3个、抽余油罐2个（1000m³、400m³）、500m³甲苯罐1个、二甲苯罐2个（700m³、400m³）、700m³重碳九罐1个、700m³加氢汽油储罐1个、700m³裂解油储罐1个、1000m³正乙烷罐1个、86m³轻碳九罐2个、86m³清污分流罐1个。主要物料特性如下。

主要物料特性

名称	状态	闪点/℃	密度/（g/cm³）	爆炸极限/%	自燃点/℃	类别	毒性
拔头油	液体	＜20	0.65～0.75	1.0～6.0	250～350	甲A	低毒
丙烯	液化气体	−108	0.513（液态）	2.0～11.7	455	甲A	低毒
丙烷	液化气体	−104	0.501（液态）	2.1～9.5	470	甲A	低毒
1-丁烯	液化气体	−80	0.595（液态）	1.6～9.3	385	甲A	低毒
抽余油	液体		0.71			甲A	低毒
重碳九	液体		0.86			甲A	低毒
加氢油	液体		0.81				

名称	状态	闪点/℃	密度/（g/cm³）	爆炸极限/%	自燃点/℃	类别	毒性
甲苯	液体	522	0.86	1.27～7.6			低毒
二甲苯	液体	522	0.86	1.3～7.8			低毒
混合油	液体		0.85				
正乙烷	液体	-26	0.65	1.1～7.5			剧毒
轻烃	液体						
轻碳九	液体						

罐区为环形消防通道，路宽5m、限高4.5m，消防通道略显狭窄，大型消防车辆进入和撤离时有一定阻碍。

厂区设稳高压环状消防给水管网，罐区周边环状消防水管网设置地上式消火栓18座，主干线管网管径DN500mm，高压消防水泵流量1260m³/h。罐区内共设置固定式水炮4门，油品罐区设固定式泡沫灭火装置1套。罐区北侧为327号循环水装置，发生事故时作为消防应急水源，距离罐区2km处便是黄河，事故状态下消防水出现匮乏时，可从黄河南岸取水点直接取水用于消防抢险救援。

（二）事故发生经过

① 裂解碳四罐（R202）第一道出口阀弯头泄漏引发第一次气相空间爆炸，导致罐区西北角碳四、丁二烯球罐燃烧区为第一燃烧区域，巨大的爆炸力导致R202碳四球罐底座塌陷，罐体落地，火势严重威胁毗邻的6个400m³碳四、丁二烯球罐，受大火烘烤。17时50分，R202丁二烯球罐发生爆炸，球罐撕裂，罐内物料呈喷射状燃烧。

② 强烈的辐射热导致罐区西南角成为第二燃烧区域，拔头油立式罐组120m³储罐罐体于17时37分再次发生爆炸，罐体残片向西飞出约50m，将罐区西侧的两节火车槽车砸翻，爆炸冲击波造成了多处火点，烈焰迅速将液态烃立式罐组的3个120m³丙烯罐、2个120m³丙烷罐、1个120m³1-丁烯罐以及拔头油立式罐组的2个120m³轻烃罐、1个废碱球罐包围。

③ 强烈的辐射热引起油品罐区及卸料泵房管线断裂成为第三燃烧区，管线断裂处喷射状燃烧的火焰高达70m，强烈的辐射热严重威胁油品罐区及相邻的全厂性工艺管廊、火炬放空主管网。

④ 强烈的辐射热引发油品罐区的重碳九、抽余油、甲苯、裂解油相继起火成为第四燃烧区，由于受大火烘烤，18时04分，F5重碳九罐、F6抽余油罐、

F8/A甲苯储罐相继发生爆炸，导致以上三个储罐罐顶飞出；F10裂解汽油罐等相继燃烧塌陷，与其相邻的F9/A二甲苯等7个储罐受到火势威胁。

二、事故原因

（一）直接原因

316号罐区碳四球罐出料管弯头存在缺陷，致使弯头局部脆性开裂，导致易燃易爆的碳四物料泄漏并扩散，遇焚烧炉明火引起爆炸。

（二）间接原因

某石化公司未按规程规定对事故管线进行定期检验，未按规定落实事故管线更换计划和对储罐进出物料管道设置自动联锁切断装置，致使事故状态下无法紧急切断泄漏源，导致泄漏扩大并引发事故。

三、应急救援情况

（一）救援总体情况

2010年1月7日17时24分，316号罐区因轻烃泄漏发生爆炸起火，灾情发生后兰州石化队依次调集45辆消防、气防车，3辆器材运输车，300多名消防、气防人员迅速奔赴火场，随后省市消防部门出动37辆消防车、284名消防官兵赶赴火场增援。灾情发生后，公司相继启动《地企紧急事件灭火抢险应急预案》，迅速展开灭火抢险救援，兰州石化队与综合消防救援队伍参战官兵共同努力，在事故发生后4h内有效地控制了火势，历经44h46min的连续奋战，于1月9日14时10分地面着火扑救结束，事故得到全面控制；因液态烃处置工艺需要，液态烃罐组两个着火储罐，F2/A丙烯罐、F3/A丙烷罐在消防水保护下，采取罐内充氮工艺措施，保持正压维持稳定燃烧，1月13日2时56分，历经129h32min，工艺处置保留的明火点全部熄灭，灭火救援行动结束。

（二）国家危险化学品应急救援兰州石化队处置情况

1月7日17时23分，兰州石化队指挥中心接到生产运行处调度电话，指令出动消防车到合成橡胶厂碳四车间316号罐区执行碳四泄漏现场监护任务，消防指挥中心立即调派责任区四大队出动监护车辆，责任区四大队接到指令后立即出动1辆泡沫消防车赶赴监护现场，监护车辆行驶到石油化工厂大门口时听到厂内爆炸声。四大队当班指挥员果断指令全队执勤力量处于戒备状态。17时24分，责任区四大队值班室接到厂调度报警电话，合成橡胶厂碳四车间316号罐区因碳四泄漏发生爆炸，四大队处于戒备状态的25名执勤人员4辆消防车及在监护途中的车辆人员立即赶赴现场，四大队火警值班员同时使用有线、无线通信设备向支队指挥中心汇报情况。指挥中心值班员接到报警后，在通知战勤指挥部成员、队领导的同时向公司领导、生产调度及相关人员汇报灾情。

支队指挥员根据责任区大队灾情通报信息，以及316号罐区地理环境、物料特性、罐区储量等，立即启动队伍突发重特大事故灭火抢险应急预案。指令支队其他五个大队消防力量赶赴事故现场增援，紧急向综合消防救援队伍求援。

在扑救火灾事故过程中，支队采取了"先控制、后消灭"的战术原则，对火情变化和险情的发生做了较为准确的判断，确立了"切断物料进出、控制稳定燃烧，隔绝内外发展、确保人员安全"的总体战术指导思想，经历了三个阶段。

第一阶段：力量快速调集。

1. 接警及时，出动迅速

17时26分，责任区四大队第一出动力量到达现场，大队指挥员根据爆炸着火态势及时组织前期侦察，经初步侦察发现罐区西、南两个部位五条铁路运输线三列槽车倾翻移位，闪爆冲击波造成液态烃储罐部分管线断裂，大量可燃物料泄漏，在围堤内形成池火蔓延。大队指挥员决定在液态烃球罐区、油品储罐区及南侧液态烃槽车三个部位分别铺设4条干线，部署4门移动炮实施外围冷却保护。责任区四大队在火势猛烈、燃烧范围广的情况下根据本队战斗实力及时调整战斗编程，占据上风向位置部署移动炮阵地，为有效控制火势向周边生产装置蔓延打下坚实基础。

17时27分，支队战勤指挥部人员到达现场，经火情侦察和灾情判断，本着救人第一的原则，组织开展人员搜救，分别在油品罐区东南侧、碳四车间十字路口、罐区南侧铁路道班房、丙烯腈车间门口抢救出4名伤员，送往医院抢救。值班指挥长将灾情及人员受伤情况及时向队领导电话汇报，队领导根据现场灾情，立即向综合性消防救援队伍电话报告灾情，就316号罐区罐组分布、物料火灾危险性以及可能造成的严重后果进行汇报请求紧急增援。

2. 合理部署救援力量，及时调整战术

17时32分左右，兰州石化队五个大队40辆增援车辆、160名消防官兵陆续赶到事故现场。支队指挥员到场后，立即成立火场指挥部，再次组织液态烃和油品罐区的火情侦察，面对燃烧区域大、多罐燃烧、道路障碍多的火场局势，组织人员对3辆丁二烯汽车槽车进行紧急转移，命令特勤大队利用干粉车扑灭油品罐区东侧马路地面流淌火，组织现场人员进行道路清障，为及时部署移动炮阵地创造条件。随即在罐区东侧环形马路部署移动炮，加强了油品罐区储罐的强制性冷却保护、隔离，同时对罐区周边公用工程管廊、火炬管网、铁路槽车和汽车槽车实施隔离冷却，并在东、南、北三个部位对油品罐区、液态烃罐区消防力量重新部署，3门移动炮重点部署在液态烃球罐区实施冷却，2门车载炮、6门移动炮对油品罐区着火罐和邻近罐、铁路装卸栈桥、倾翻槽车、公用工程高架管廊、卸油泵房及物料管线实施外部强制冷却措施，阻止火势向丙烯腈装置焚烧炉、裂解装置、火炬总管网、铁路槽车蔓延，为有效控制灾情赢得了宝贵的时间。

17时34分，公司领导及相关部门人员及时赶到现场，成立了现场指挥部，组织开展抢险灭火工作，按照地区公司应急处置要求，启动了《地企紧急事件灭火抢险应急预案》，立即对周边装置进行紧急停车，并对316号罐区物料系统所有管线进行切断隔离。要求各相关部门围绕各自职责，开展抢险灭火工作，组建了工艺处置、消防救援、环境监测、信息发布、后勤保障、伤员安抚等8个专业工作组，全面部署抢险救援工作，安排专人负责现场消防水源的补给，确保救援现场灭火用水量，全力保障机泵完好和电力供应，及时对水质、水量进行监测，严防死守，确保事故状态下不向黄河排放污水。

17时37分，兰州石化队各战斗组在实施灭火战术过程中，F1/C、D（拔头油罐）发生闪爆，第二次闪爆冲击波造成碳四卸料泵区与物料罐之间进出管线拉裂，液态烃储罐区碳四、拔头油物料喷溅，导致多处储罐和管线起火，燃烧面积进一步扩大，加剧了火势向周边装置蔓延；现场抢险人员在各分指挥的组织下采取了紧急避险措施，9门自摆水炮继续在原阵地实施直流自摆冷却降温，现场指挥员在闪爆发生后立即组织抢险人员转移移动炮阵地，再次调整了着火罐和相邻罐的水炮门数和冷却强度。合理使用固定水源、循环水池水源部署移动炮加强对F7加氢汽油罐、F9/A二甲苯罐、F11正己烷罐等的冷却保护，各大队移动炮阵地逐步前移，对着火罐和邻近罐实施冷却防止罐温升高，对管线断裂的部位实施冷却降低热辐射。

17时50分，液态烃罐区R205丁二烯储罐发生球罐撕裂，罐内物料呈喷射状发生第三次闪爆燃烧，现场抢险人员在分指挥的组织下采取了紧急避险措施，辐射热引起R204碳四球罐罐体底部、R205丁二烯球罐罐体上部开裂性燃烧，形成了球体上下立体燃烧，给抢险救援人员灭火作业增加了难度和危险度。

18时04分，液态烃泵区、R205球罐及液态烃泵房闪爆辐射热先后引燃油品罐区F5（重碳九罐）、F6（抽余油罐）、F8/A（甲苯罐）发生第四次闪爆，

F5、F6、F8/A罐罐盖向三个方向飞出，罐体以拱顶罐式稳定燃烧，辐射热使其邻近的管线变形断裂，造成系统管线物料泄漏，在围堤内形成池火蔓延。兰州石化队指挥员果断下达命令，现场抢险人员后撤500m采取紧急避险措施，受辐射热影响F10裂解汽油罐相继燃烧塌陷，F7加氢汽油罐、F9/A二甲苯罐罐顶开裂燃烧，多点小面积燃烧变成了液态烃罐区和油品罐区两个燃烧区，消防水的冷却降温，在F9/A、F10东边形成水雾墙，使火势得到控制，阻止了火灾向东边罐组扩延，有效保护了F8/B（清污分流）、F9/A（二甲苯）、F11（正己烷）、F14（抽余油）、F8/C、F12（轻碳九）等储罐的安全。

根据现场指挥部的指令，兰州石化队利用单兵图传系统向大型通信指挥车实时传送现场视频，供现场指挥部领导分析决策；组织两个大队部署4支水枪优先保障工艺处置人员采取关阀断料处置和搜救小组人员安全；面对复杂的抢险救援形势，消防前沿指挥根据休班人员陆续补充到位，在现场连续闪爆、燃烧范围大，存在一定风险的情况下，兰州石化队指挥员下令严格执行定时清点在场人数、定人定车、定阵地部位、定紧急撤离信号等措施，积极采用车载炮、举高喷射消防车、移动炮对重点部位、危险源建立冷却保护防线；积极协调物资供应部门，调动公司内外急需的应急物资，专人负责确保泡沫药剂、消防水带、汽柴油燃料等物资紧急到位。地区公司紧急调动3辆汽柴油加油车到场，为现场消防车辆及时补充油料。

面对燃烧面积达1万m²、连续闪爆和多部位燃烧的局面，火场指挥部果断下达指令，在罐区东、南、北区域设应急观察哨，授予各分指挥紧急避险撤离权限，如有爆炸发生预兆，分指挥有权不请示火场指挥部下达区域性撤离命令，避免抢险救援人员伤亡；分指挥有权对负责区域采取灵活、果断、合理战术并使用灭火剂，在液态烃气体有效控制的情况下，严禁各区发起区域性灭火进攻，防止可燃气体二次空间闪爆，造成不必要的次生灾害。

3. 地企联动，同步实施灭火抢险方案

17时42分，综合性消防救援队伍增援力量陆续到达，成立了火场联合指挥部，经现场研判，在燃烧面积大、辐射热强、罐区内部情况不明的情况下，决定已部署的阵地干线保持不变，加强外围冷却强度，综合救援队穿插兰州石化队现有阵地部署移动炮，重点加强对火炬总管网和裂解装置的保护，防止火势蔓延扩大。

19时10分，省委领导到场并听取汇报后，指示由某石化公司负责抢险救援现场指挥，政府有关部门配合做好人员抢救、舆论导向、外围警戒、交通管制、通信及各项保障工作，消防抢险由省消防总队全面负责。

19时25分，根据省委领导要求，召开现场指挥部会议，听取了事故单位消防部门关于罐区基本情况、灭火救援总体思路、战术原则的汇报后，再次深入现场了解情况，分别从罐区东、南、北三个方位，对罐区燃烧范围、燃烧部位、阵地部署、冷却强度进行了外围侦察后，对抢险现场进行了责任区分工，综合救援队负责罐区西南侧断裂管线、西南侧铁路槽车、西南侧6个立式液态烃储罐防护区域；兰州石化队负责罐区东南侧铁路槽、装卸站台、输送泵房、东侧油品罐区、西北侧液态烃球罐区防护区域，形成了分片实施冷却保护、控制火势稳定燃烧的态势。

23时20分，液态烃泵区、R205球罐及液态烃泵房闪爆辐射热造成立式液态烃罐组F2/A（丙烯）、F3/A（丙烷）顶部液位计上法兰根处憋压泄漏，形成蓝色的带压火焰长达10m，兰州石化队指挥员果断下达命令，现场抢险人员后撤500m，在形成稳定燃烧后，消防人员再次返回阵地。

在强制冷却立式液态烃罐组的过程中，现场指挥员根据液态烃理化性质，分析液态烃储罐在高温烘烤下，极有可能造成罐内饱和蒸气压骤升，某一液态烃罐发生罐体爆炸均能引发连锁反应，后果不堪设想，果断决定采取强制冷却措施，保护立式液态烃罐组。在6个立式液态烃储罐没有完全得到保护的情况下，石化消防攻坚组冒着生命危险部署移动炮、车载炮，对6个危险性极大的立式液态烃储罐实施有效冷却保护。

23时50分，集团公司领导带领总部相关专家连夜到达事故现场指导抢险扑救工作，反复深入现场研究制订灭火处置方案、精心部署灭火防护工作，为控制事态、防止次生事故发生提供了强有力的决策指导和技术支持。

8日1时15分，观察哨发现油品灌区F5重碳九拱顶储罐方位出现白色烟雾，指挥员果断下达命令，现场抢险人员后撤500m，采取紧急避险措施。

4. 递进前沿、重点控制，搜寻失踪人员

8日6时50分，根据地区公司现场指挥部指令，兰州石化队抢险人员再次冒着建筑物倾斜、可燃气体超标的危险，对爆炸着火区域进行了排查式人员搜救。

7时10分，分别在橡胶厂316岗位控制室、铁路槽车区域找到5名遇难者，消防抢险人员逐一对遇难者进行了部位标定、特征区别、摄录像取证工作，转出搜救区送往职工医院。14时20分，在液态烃罐组区找到最后一名遇难者，圆满完成现场指挥部下达的人员搜救任务。

8日17时40分，经过参战指战员日夜奋战，险情控制在油品输送泵房、R202球罐，2个油品储罐，F2/A（丙烯）、F3/A（丙烷）顶部液位计上法兰根处四个处于稳定燃烧的部位，标志着强攻强冷第一阶段结束。根据现场指挥部命令，救援转入重点监护阶段，部署移动水炮重点冷却保护立式液态烃罐组，维持丙烯、丙烷着火罐稳定燃烧，部署移动水炮冷却控制R205丁二烯球罐着火部位罐温，部署泡沫管枪控制泵房集油沟燃烧区域。

第二阶段：保护重点、穿插分割、逐片消灭。

9日14时10分，2个油品储罐（F5、F6）、R202液态烃储罐明火，泵房集油沟地面流淌火陆续被扑灭，F2/A（丙烯）、F3/A（丙烷）立式储罐液面计高位孔洞处于稳定燃烧状态，消防抢险阶段转入工艺处置阶段，丙烯、丙烷罐组在车载炮、移动水炮冷却保护下，择机作出灭火准备。

9日15时，现场指挥部决定综合救援队保留4辆消防车配合兰州石化队参与工艺处置，其他车辆及人员17时陆续撤出现场，现场指挥由兰州石化队全面负责。

第三阶段：稳定控制燃烧，正确采取工艺措施适时灭火。

通过现场指挥部分析，下一步重点任务是确保F2/A（丙烯）、F3/A（丙烷）罐处于稳定燃烧状态，防止燃烧储罐负压回火爆炸，避免引起其余4个液态烃储罐发生次生事故。根据现场指挥部要求，兰州石化队及时制订了《316罐区丙烯、丙烷储罐应急处置方案》并进行了各种抢险救援装备的准备，以确保灭火救援的全面胜利。

本阶段由兰州石化队和综合性消防救援队伍对每个燃烧罐各部署2门移动水炮实施冷却，相邻罐各部署1门移动水炮或车载炮控温，抢险人员每1h对现场可燃气体进行检测。

工艺措施指标：着火罐罐内液态烃饱和蒸气压当时压力处在0.24MPa，待两着火罐任意一储罐压力处在0.20MPa时，由现场指挥决定对达到0.20MPa条件的储罐充入低压工业蒸汽，加快罐内液态烃蒸发速度，促使罐内液态烃燃烧加速，并保持罐内正压防止回火爆炸。

待两着火罐任意储罐压力处在0.18MPa时，由现场指挥决定对达到0.18MPa条件的储罐充入0.25MPa压力氮气，抑制液态烃可燃气体组分爆炸峰值，并以蒸汽和氮气充入量作为调节手段，控制着火罐燃烧速度，防止燃烧失控引起相邻罐升温发生次生事故，以此工艺方法始终保持罐内正压防止回火爆炸，直至立式液态烃罐组着火罐及联通罐燃尽。

燃烧罐充氮、充蒸汽措施采取后，现场指挥部决定升级现场消防监护等级，加强储罐区监控力量和冷却强度，4个储罐各部署1门移动水炮控温，同时备用3门移动水炮为2个着火点非正常熄火做稀释应急。对现场可燃气体进行检测的时间间隔由原来的1h缩短为20min。1月13日2时56分，立式液态烃罐组物料燃尽，明火熄灭。

四、救援启示

（一）经验总结

① 启动预案及时，力量调集迅速。事故发生后，公司相继启动《突发重特大火灾事故应急预案》，迅速展开灭火抢险救援，兰州石化队第一时间调集45辆消防、气防车，3辆器材运输车，300多名消防、气防人员迅速奔赴火场，在事故发生后4h内有效控制了火势，为夺取火灾救援胜利奠定了坚实基础。

② 强化队伍专业化管理，应急处置措施得当。队伍开展经常性的现场演练，熟知各装置物料的理化性质和工艺流程，制订了有针对性的响应程序，在工艺切断的基础上，采取了"集中力量、控制蔓延、逐片消灭、工艺控制、辅助灭火、统一指挥"的战术方法，通过工艺处置和消防掩护相结合，避免了事故的进一步扩大。

③ 加强消防车辆装备的投入，为有效处置高危环境各类事故提供了保障。大功率、大排量、远射程进口泡沫车、56m举高喷射消防车、涡喷消防车及布利斯进口自摆炮等装备，在处置事故中发挥了重要作用，为灭火冷却、连续运转及安全距离等方面的有效处置提供了可靠保障。

④ 全体消防官兵英勇顽强的战斗作风是保障抢险救援成功的关键。此次火灾的成功扑救，充分体现了兰州石化队全体消防官兵紧急时刻临危不惧、果断决策、择机部署、科学处置的精神，有效控制了灾情，直至取得全面胜利，杜绝了高危环境处置过程中的人员伤亡，为危化企业处置紧急事件积累了经验，为企业降低事故损失、尽快恢复生产和消除社会影响作出了积极贡献。

（二）存在问题

① 侦察手段的不足。应对复杂的火灾现场，指挥员的决策、命令多来自经验的积累和自身的判断，火情侦察仅凭观察，手段单一，不能准确了解着火现场有毒有害气体、爆炸气体的浓度和着火部位的温度等情况，对准确判断灾情、发布抢险救援命令及优化部署战斗力量没有科学的技术支撑，同时也不能保障现场消防官兵的人身安全。

② 灭火预案有待进一步完善。通过这次灭火抢险救援，虽然制订了罐区内

不同罐位的灭火预案，但根据灾害的等级、储罐的类型、波及的范围来看，尽管实现了零伤害，但方案还没有覆盖所有火灾场景，实现最优化。

③ 通信系统不能满足应急救援需求。地企联合作战由于通信频段不相同，指令、紧急避险信号无法及时下达，对危险区域、复杂场合的排兵布阵，不能做到统一指挥、统一调动。

（三）改进建议

① 进一步加强火情侦察手段，配备侦检设备，以应对复杂多变的火灾现场。

② 制订完善的灭火预案，并通过现场训练、演练使其更加科学、合理、实用。

③ 多频次组织开展地企联合演练，统一事故状态下的通信信道，做到统一指挥。

2018年某烯烃公司综合罐区"2·28"火灾事故
国家危险化学品应急救援国能宁煤队

2018年2月28日22时42分，某烯烃公司合成车间在对乙烯H罐进行不合格乙烯放火炬排放作业时，出料管线突然发生着火事故，未造成人员伤亡，直接经济损失51.52万元。

一、基本情况

（一）事故现场情况

某烯烃公司合成车间罐区共有A、B、C、D、E、F、G、H 8个乙烯储罐，单罐储量均为2500m³。

（二）事故发生经过

2018年2月28日中班，某烯烃公司合成车间三班操作工对乙烯H罐进行不合格乙烯放火炬排放作业。

28日19时左右，中控主操李某雄发现乙烯H罐液位上涨300mm，库存上涨4t左右，随即汇报班长王某根及技术员邱某刚。根据指令，班组将乙烯H罐底部残余物料通过不合格乙烯气化器蒸发气化后放火炬。

21时40分，外主操王某超在班长王某根的安排下到达现场打通了放火炬流程，王某根随后对流程进行了确认。

22时05分，王某超通知李某雄进行放火炬操作。

22时14分，李某雄发现气化器压力逐渐降低，便缓慢调节蒸气阀，增加蒸气提高气化器内压力。

22时30分，李某雄发现气化器内压力未上涨，安排王某超再次确认流程。经确认，发现乙烯H罐出料第一道气动阀未打开，再次汇报中控主操李某雄。

22时42分，李某雄打开乙烯H罐出料第一道气动阀。王某超在返回机柜间路上发现雨淋阀室北侧着火，立即告知李某雄关闭乙烯H罐出料第一道气动阀，停止罐区所有作业。

二、事故原因及性质

（一）直接原因

在进行H罐的不合格乙烯（液位631mm）经蒸发器放火炬时，蒸发器输送管线压力已降至0.06MPa，管线阀门内漏导致管线温度低于设计温度（−45℃），管线发生冷脆，在打开H罐出料第一道阀门时，导致出料管线骤然升压而破裂，造成大量乙烯泄漏，乙烯遇烯烃转化单元加热炉明火后着火。

（二）间接原因

① 合成车间生产管理不到位，操作规程不完善。未针对性编制不合格乙烯放火炬排放作业操作规程，未明确该操作具体参数，员工凭经验操作。

② 岗位人员风险辨识不到位，未辨识出乙烯罐出料管线第一道阀关闭及相关阀门内漏时，进行不合格乙烯放火炬会造成管线温度低于设计温度，管线发生冷脆的风险。

③ 关键控制环节管理不到位。涉及安全仪表系统的阀门开关未制订管控程序。中控主操关闭了出料管线第一道气动阀且未告知现场主操。

④ 安全培训不到位。岗位员工对乙烯的物化性质不清楚，对乙烯发生相变时会造成低温不了解。

⑤ 设计存在缺陷。乙烯出料管线未设置检测点及相关联锁。

⑥ 生产指令执行不到位。当班现场主操王某超违反"不合格乙烯放火炬排放作业风险控制"的要求，对乙烯H罐出料管线阀门状态确认不到位，造成出料管线低压。

（三）事故性质

事故调查认定，这是一起因生产管理、岗位人员风险辨识、关键控制环节管理不到位引发的一级非伤亡主要责任事故。

三、应急救援情况

（一）救援总体情况

事故发生后，事故单位立即启动应急预案，采取措施：一是停止罐区所有作业；二是开启乙烯罐区所有储罐的消防喷淋设施；三是中控室对罐区与装置区进出料管线进行远距离关阀断料；四是立即向辖区消防队报警，并向集团公司及宁夏回族自治区政府有关部门进行了报告。接到报告后，宁夏回族自治区政府有关部门领导、集团副总经理带领相关人员赶赴现场开展应急救援。

2018年2月28日22时52分，国家危险化学品应急救援国能宁煤队接到报警，立即命令烯烃二分公司辖区危化消防二中队前往救援。22时55分，二中队到达现场，23时值班室通知危化消防一中队立即增援；23时10分，危化消防一中队到达现场。现场指挥部根据"先控制、后消灭"的战术原则，立刻下达作战任务，要求参战人员根据各组分工对现场周边环境实施气体检测、人员搜救、设立警戒、冷却保护、掩护工艺堵漏等措施，于3月1日9时30分，扑灭现场明火。

（二）国家危险化学品应急救援国能宁煤队处置情况

28日22时52分，国能宁煤队接到报警后立即命令危化消防一、二中队立即出动；22时55分，6辆车25人到达现场后，指挥员立即向现场指挥部报到并安排侦察小组了解现场情况。

1. 现场勘察，确定方案

侦察小组对现场进行火情侦察，发现乙烯G罐西侧管线断开呈猛烈燃烧态势，邻近的乙烯G罐南侧、西侧、北侧受到火势严重威胁。

现场指挥部根据"先控制、后消灭"的战术原则，立刻下达作战任务，要求搜救组对现场周边环境实施气体检测、人员搜救、设立警戒、冷却保护、关阀断料、发起总攻等措施。

2. 采取措施

一是立即组织装置的全面停车，通知烯烃二分公司值班室提高厂区消防管网压力。采用紧急切断阀对每个乙烯储罐进行隔离，对各装置与罐区物料互供管线进行隔离，打开所有乙烯罐喷淋阀，对储罐进行保护。此时，管线火势不明，夜间人员无法靠近确认。

二是指挥员亲自带领中队堵漏小组深入现场进一步侦察，近距离测定受火势威胁的邻近罐温度，并安排人员至DCS控制室实时监控、收集信息。

三是安排各车组立即展开战斗，迅速出水冷却受威胁罐体，在邻近乙烯G罐的南侧、西侧、西北侧，管廊东侧，利用车载炮、移动电控炮、水力自摆炮，分别对G罐受火势威胁面进行冷却，并设置水幕水枪将着火区域与相邻管线隔离。

四是安排侦检小组实时动态监测，划定警戒区域，疏散现场无关人员，同时设置安全员，观察受火势威胁最严重的G罐表面温度变化情况。

五是通过乙烯泵入口管线放火炬泄压和H罐安全阀泄压两种方法，使H罐压力逐步由1.73MPa下降至0.70MPa，漏点火势逐步减小。

六是使用消防移动炮和消防车对着火点及周边设施进行喷淋降温，控制火势防止扩大。

3月1日9时30分，经连续奋战11h，扑灭所有残余火。

四、救援启示

（一）经验总结

① 协同配合默契，执行力强。两个中队之间协同配合默契，互相帮助，不分彼此，这种默契不仅体现在日常训练中，更在关键时刻发挥出巨大的作用。队员们在接到命令后，能够迅速进入状态，执行力强，这是高效完成任务的基础。

② 精神坚韧不拔。队员们发扬了不怕苦不怕累的精神，连续奋战11h，长时间的高强度工作考验着队员们的体能和意志力，这种坚韧不拔的精神是成功处置火灾的关键。

③ 资源合理利用。面对消防水池水源紧张的情况，灵活应对，将围堰内的废水利用起来，通过消防车吸水供水、电控炮重复利用，减轻了管网供水压力，确保灭火工作的顺利进行。

④ 指挥决策得当。指挥员带头进行火情侦察，准确真实了解现场具体情况，处置措施制订得当，这是取得这场灭火战斗胜利的根本保障。公安部消防局特派灭火专家郝伟对现场进行勘察、了解后，对事故现场的应急处置措施给予了充分肯定。

（二）存在问题

① 本次救援时长达到11h，虽不是所有车辆长时间运行出水冷却，但消防车水泵能否达到长时间运转出水的要求需要特别注意。

② 长时间救援现场，受现场道路或环境所限，现场救援车辆不便于大规模更换，油料、尿素、灭火剂无法高效及时补充，可能对事故救援产生影响。

③ 在处置事故救援时，特别是在危险化学品事故长时间处置过程中，要充分考虑长时间冷却带来的现场水源不足问题。

（三）改进建议

① 在进行车辆选装、配备时，要充分考虑车辆水泵的性能和质量，明确要

求在车辆验收时，必须进行长时间运行试验要求，一般建议进行不少于8h的连续测试。

② 配备车辆油料、尿素、灭火剂等耗材，并应考虑输转装备的灵活性和尺寸，便于在事故现场进行相关耗材补充。

③ 配置远距离供水保障装备，以长时间保障事故救援期间的水源使用，供水距离应不小于1km。

2021 年某石化公司重油储油罐区"5·31"火灾爆炸事故

国家危险化学品应急救援天津石化队

2021 年 5 月 31 日 14 时 28 分，某石化公司重油储油罐区发生火灾事故，直接经济损失 3872.1 万元，未造成人员伤亡。

一、基本情况

（一）事故现场情况

某石化公司东厂区共 21 个储罐，布局情况为：由北向南第一排为 5 个 2000m³ 储罐，自东向西依次为 1~5 号着火的 5 个罐，储存了约 9100t 稀释沥青；第二排为 8 个 1000m³ 储罐，均为空罐；第三排为 8 个 1000m³ 储罐，其中位于东南角的 6 号储罐储存了约 889.04t 稀释沥青。2021 年 5 月，东厂区建成一套包括脱轻组分塔和沥青塔的重油加工生产聚合物改性沥青装置，事发前配套设施正在建设中。

（二）事故发生经过

2021 年 5 月 30 日，某石化公司东厂区进行油气回收装置安装工作，东厂区厂长安排 1 名工人进行油气回收装置管线与储罐油气回收集气管线连接作业，4 名工人协助作业。当天完成储罐油气回收集气管线盲板拆除、法兰连接工作。

5 月 31 日上午，5 名员工在储罐防火堤外预制连接管道。工作完成后，14 时 20 分左右，2 名员工进入储罐防火堤内进行切割作业，其中 1 名员工在 1 号与 2 号储罐间的油气回收集气管上选定切割点位后，于 14 时 28 分左右开始用气割枪切割，几秒钟后，一声闷响，2 号、3 号、4 号、5 号储罐顶部几乎同时起火，随即 1 号储罐顶部起火，2 号储罐顶盖掀翻到地面。2 名员工迅速跑出防火堤，随即同防火堤外的 3 名员工一起躲到厂内的仓库避险。

5 月 31 日 23 时 13 分，3 号罐发生喷溅，导致 6 号罐闪爆起火。

6 月 3 日 12 时，5 号罐火被扑灭；12 时 25 分，3 号罐、4 号罐火被扑灭；20 时 10 分，1 号罐、2 号罐火被彻底扑灭；6 月 4 日 2 时 30 分，6 号罐火被扑灭。火情持续 84h。

二、事故原因及性质

（一）直接原因

未在油气回收管线安装阻火器和切断阀，违规动火作业，引发管内及罐顶部可燃气体闪爆，引燃罐内稀释沥青。

（二）间接原因

① 非法储存稀释沥青。事故单位在储罐建成未验收的情况下，擅自投入使用，非法储存稀释沥青。

② 事故单位安全生产主体责任不落实。一是违反《化学品生产单位特殊作业安全规范》的规定，作业前未进行危险有害因素辨识，未制订并落实安全措施，未对设备、管线进行隔绝、清洗、置换，未进行动火分析，未对作业人员进行安全教育和安全交底，未办理动火作业审批手续，未安排专人监火，违章指挥未取得特种作业资格的人员冒险作业。二是未落实隐患排查治理主体责任，未按照"防风险、除隐患、保安全"安全生产大排查大整治工作要求，开展隐患排查整治。

③ 渤海新区及南大港东兴工业区落实安全监管属地责任不到位。

（三）事故性质

事故调查组调查认定，该事故是一起非法储存、违规动火引发的较大生产安全责任事故。

三、应急救援情况

（一）救援总体情况

事故发生后，应急管理部、省政府和现场指挥部迅速构建了协同作战指挥体系，及时视频研判会商，科学决策部署，有效处置火情。现场指挥部坚决贯彻执行应急管理部和省委、省政府决策部署，高效组织、果断处置，在事故核心区、1km、2km范围连续设置三道警戒线，严防无关人员进入事故现场，果断组织园区内企业及附近村庄人员有序撤离，防止发生次生事故、造成人员伤亡；及时应对9次大的沸溢喷溅（火焰高达50～200m，辐射热影响距离最高达1000m），10次小的沸溢喷溅，准确判断了32次罐体喷沸和异动突变；通过架设远程输送管线实施放空燃烧，配合注氮置换方式，及时消除南侧某公司液化天然气（LNG）储罐爆炸风险。应急、公安、消防、生态环境、气象等相关部门各司其职、协调联动，公安部门严格管控现场、组织人员疏散、控制事故企业相关人员；应急管理部门对事故单位厂区地下管网实施封堵，紧急调用挖掘机、装载机、翻斗车、吸污车等工程机械参与救援；生态环境部门实时监测，对现场消防废水及管道中的油水、污水进行收集处理；气象部门密切关注风向变化和强降雨天气，全程做好气象预警；卫健部门为现场应急、消防救援人员提供医疗保障；宣传部门第一时间正面发声，始终坚持"一个声音对外"，正确引导舆论导向，舆情平稳。天津、山东2个消防救援总队以及国家危险化学品应急救援天津石化队，石家庄、唐山等6个消防救援支队和华北油田消防支队及7个化工灭火救援编队、2个战勤保障编队先后驰援沧州，共351辆消防车、1547名消防指战员参与火灾扑救。经各方力量通力协作，事故被成功处置。主要救援处置过程如下。

5月31日14时55分，南大港辖区兴港路消防救援站到场。现场指挥员立即部署力量冷却着火罐、扑救地面流淌火，对6号储罐进行水幕保护。

5月31日16时30分，沧州消防支队全勤指挥部及后续增援力量到场，部署力量冷却1～5号着火罐体，扑灭流淌火，部署供水系统为前方战斗车辆不间断供水。

5月31日20时至23时，河北省、天津市、山东省消防总队增援力量先后到场，现场指挥部及时调整力量部署，进一步加大对着火罐、邻近罐区的火势压制和冷却降温。

5月31日23时13分，3号2000m³储罐发生第一次喷溅，引燃厂区东南侧6号1000m³储罐。现场指挥部立即组织力量全力扑救流淌火，在6号罐和毗邻企业3个3000m³储罐之间设置水幕隔离火势。组织搬运沙袋构筑防护堤，部署专门力量对毗邻企业LNG储罐进行保护，确保南侧罐区安全。

6月1日18时07分，在安全专家指导下，工艺处置队对毗邻企业LNG储罐采取架设远程输送管线实施放空燃烧措施，16h后储罐内LNG排空，并实施注氮置换保护，消除了LNG储罐爆炸风险。

6月2日1时36分左右，现场突降大雨，储罐沸溢喷溅风险加大。现场9门移动炮、1辆举高喷射消防车对毗邻企业3个3000m³储罐进行持续冷却，设置水幕隔离墙，确保南侧罐区安全。

6月3日11时，在对火场态势充分研判后，现场指挥部决定发起灭火总攻，对5号罐实施冷却降温和泡沫覆盖。12时许，5号罐明火被彻底扑灭。12时25分，3号、4号罐明火被彻底扑灭。20时10分，1号罐、2号罐明火被彻底扑灭。

6月4日2时13分，现场指挥部命令对6号罐发起总攻，在南侧设置2门重型车载泡沫炮，东侧2辆举高喷射消防车协同配合攻击。2时30分，6号罐明火被成功扑灭。随后，现场指挥部组织力量，利用测温仪、无人机等持续进行温度检测，利用移动炮对罐体实施冷却保护，确保罐体温度趋于稳定，无复燃可能。

（二）国家危险化学品应急救援天津石化队处置情况

2021年5月31日17时31分，接国家安全生产应急指挥中心调派指令，天津石化队立即组织了由2辆泡沫运输车、2辆大功率泡沫消防车、1辆60m举高喷射消防车、1辆指挥车、35名消防员组成的救援队伍，在支队长带领下，火速赶赴河北省沧州南大港产业园区东兴工业区增援灭火。

天津石化队经过1h30min的长途跋涉，于19时20分到达火灾现场，并与河北省沧州市消防支队火场指挥员取得联系，领受任务后投入战斗。

天津石化队在四天三夜的灭火作战过程中，历经了油罐火灾导致的沸溢、喷溅、倒塌、撕裂、流淌、爆炸等危险场景，现场发生了6次沸溢喷溅，火焰高达100多米。整个救援过程可以分为四个阶段。

第一阶段：初期到场联合地方救援力量，形成初步控制范围。

到达现场后支队指挥员立即与现场的沧州消防救援支队取得了联系，经过初步商讨，立即部署1辆举高喷射消防车配合现场灭火力量，在罐区的西北侧冷却最西侧的5号燃烧罐，同时部署2辆大功率消防车，为前方主战车辆进行供水。

后经现场指挥部进行灭火战术力量调整，天津石化队举高喷射消防车继续在现场对西北侧罐组进行冷却保护，2辆大功率消防车调整至火场东侧，与沧州支队的4辆举高喷射消防车在整个罐区的北侧形成了冷却的中坚力量，暂时控制了北侧的火势发展。

第二阶段：联合作战，开辟灭火通道，为后期灭火作战奠定基础。

天津石化队与晚间到场的市综合性消防队伍指挥员取得联系，介绍了现场情况。按照现场指挥部的要求，两支队伍从罐区东侧进入，在燃烧罐东侧开辟灭火通道，对东侧的燃烧罐进行冷却保护。

天津石化队领受任务后，与市综合性消防队伍现场划分作战区域，采取分段包围、梯次冷却的作战方法，对邻近罐组和燃烧罐进行隔离冷却保护。

战斗展开后，天津石化队2辆大功率泡沫消防车出4支泡沫管枪，形成扇面，从东向西对流淌出来的油料不间断进行泡沫覆盖；市综合性消防队伍负责后方供水。当晚22时34分，天津石化队按照现场指挥部命令，暂时撤至火灾现场东侧200m处待命休整。

第三阶段：采取堵截包围、前后夹击战术，确保东侧罐区库房的安全。

6月2日11时许，东侧燃烧罐发生了沸溢和喷溅。天津石化队按照现场指挥部命令，立即出动2辆大功率泡沫消防车迅速到达指定位置，将2辆车分别布置在北侧和东南侧，出车载炮对现场的流淌火形成前后夹击，堵截了火势向东侧蔓延的趋势，将流淌火全部击退到罐区西侧；同时，抽出北侧的车载炮对位于罐区东侧的库房火灾进行集中歼灭。6月3日中午11时43分，天津石化队在连续奋战近24h后，按照现场指挥部指令，天津石化队撤出休整、补充待命。

第四阶段：听从指挥，连续奋战，消灭火灾。

天津石化队在休整近7h后，6月3日18时30分，现场指挥部下达了灭火总攻命令。按照现场指挥部统一部署，天津石化队1辆大功率消防车被调往火场东侧，利用大流量车载炮对东南侧1000m³的燃烧罐进行灭火。另1辆大功率消防车部署在罐区北侧，与其他作战队伍联合作战，消灭5个燃烧罐和地面流淌火。

在多方协同作战的努力下，现场大火于6月4日3时左右被成功扑灭。

四、救援启示

（一）经验总结

① 火场风险识别至关重要。在战斗力量展开过程中，由于现场照明设施全部断电，比较昏暗，天津石化队指挥员发现脚下流淌着许多不明液体，空气当中充斥着油气的味道，通过检测发现不明液体为油罐内流淌出来的油料，带队指挥员刘某伟立即将这一情况向现场指挥部进行了汇报。火场指挥部立即将现场东侧2辆消防车撤出。现场23时左右发生了油罐沸溢喷溅，东侧泄漏出来的油料被引燃，形成了一片火海，如果车辆、人员不能及时撤出，将会造成现场车毁人亡重大事故的发生。

② 灭火剂使用至关重要。天津石化队在进行泡沫覆盖过程中，发现车载泡沫液发泡效果极差，经指挥员分析并了解现场情况后得知，现场使用远程供水水源为海水，而现场所有参与灭火救援的车辆车载泡沫液均为淡水型泡沫液，灭火效率极低。指挥员立即将此重大情况上报现场指挥部。后期经现场指挥部研判，命令所有调集的泡沫液均为耐海水型泡沫液。

③ 专业队伍，职业敏感性至关重要。作为石化专业救援队伍，天津石化队支队长在待命休整过程中，考虑到现场一条边沟与火场的污水边沟应该是相通的。指挥员立即与队员一起观察污水边沟，发现边沟内已经充满了原油，浓重

的油气味充斥污水沟内，说明整个污水管道已充满了油料和挥发的油气，一旦遇到火源将会发生爆炸。2013年11月22日发生在青岛"11·22"输油管线爆炸事故的场景，与当时的现场环境、事故发生情况完全一致。支队长马上意识到了事态的严重性，立即向正在现场巡视的国家安全生产救援中心的领导进行汇报，并提出了现场总指挥部以及停留在该道路上的所有车辆及人员撤离，同时调集油污吸纳车进行抽取油污并转输外运的建议。

（二）存在问题

① 由于是首次整建制出动救援，天津石化队没有携载便携发电机，导致了救援过程中通信工具无法及时充电，通信联络困难。天津石化队属于企业消防队，通信频道只限于企业内部，在出动过程中未考虑到跨省市救援通信频道会中断。

② 在生活物资保障上，支队库房内配备了供单兵使用的救援保障包，由于没有考虑到是长时间作战救援，在紧急出动过程中忽略了单兵保障装备的携带。

③ 支队在火场没有设立火场文书，导致不能及时归纳和总结火场具体的经验和教训，不能及时将作战的全过程进行摄录留下宝贵的影像资料。

（三）改进建议

① 加强跨区域救援装备建设，强化跨区域应急救援演练，完善救援现场的融合通信，消除因通信系统不完善，传递信息不及时所带来问题。

② 用好国投资金，配备跨区域长时间作战的后勤装备，保障救援现场对后勤物资的需求。

③ 完善队伍人才培养，建立专人专管机制，在灭火救援现场保留第一手影像资料，为更好进行战术研讨、火场分析提供充实的依据。

2022 年某化工厂芳烃车间中间罐区 "6·8" 化工分部泄漏起火事故

国家危险化学品应急救援茂名石化队

2022 年 6 月 8 日 12 时 40 分许,某化工厂芳烃车间中间罐区乙烯输送泵发生泄漏起火事故,造成 2 人死亡、1 人受伤,直接经济损失 925.55 万元。

一、基本情况

(一)事故现场情况

某化工厂芳烃车间主要装置有:2 套裂解汽油加氢装置,1 套芳烃抽提装置,2 套废碱湿式氧化装置,A、B、D 火炬及 2 套火炬回收系统,2 套污水处理系统,2 套凝液回收系统等公用工程系统和中间产品罐区。

中间产品罐区位于厂区中部,北侧为第一循环水场和原水处理场,南侧、西侧均为液体化工罐区,东侧为芳烃抽提装置,主要用于储存中间产品,设有 26 个球罐,总库容 46800m³,其中乙烯罐 9 个共 18000m³、丙烯罐 8 个共 14200m³、丙烷罐 1 个 1500m³、碳四罐 6 个共 11100m³、碳五罐 2 个共 2000m³。另外,有 2 个已废弃的 150m³ 卧式氢气罐。事故发生时罐区内储存有乙烯、丙烯、丙烷、液化气等各种液化烃约 12253t。

事故发生在某化工厂芳烃车间中间罐区乙烯球罐和丙烯球罐之间的泵区,该泵区共有 16 台液化烃泵,用于输送各球罐内物料至各装置。事故发生时大量乙烯泄漏爆燃,现场爆发剧烈燃烧,着火部位距离东侧的 2000m³ 乙烯球罐(存有 800t)27.5m,距离西侧的 1400m³ 丙烯球罐(存有 178t)16.7m,着火点上方是中间泵带管廊,设有乙烯进出料线、泡点气(乙烯球罐的饱和乙烯气体)线等管道。事故罐区俯视图如下页图所示。

(二)事故发生经过

2022 年 6 月 6 日,现场技术服务人员邹某森接到某化工厂芳烃车间设备副主任林某清电话,告知 P-8000A 泵出口阀气动马达存在故障。

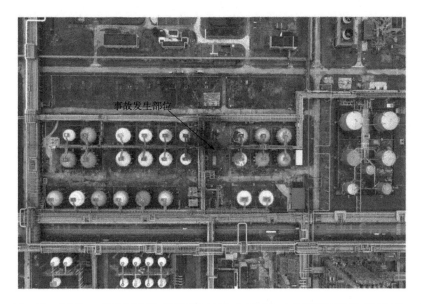

事故发生部位

6月7日9时许，林某清带领邹某森进入罐区对故障阀门进行检查，发现泵 P-8000A 的出口阀在气动操作模式下可全开，但无法关闭；手动状态可部分关闭。

6月7日15时许，林某清带领邹某森进入罐区继续调试该气动马达，邹某森指导某建安公司杨某伟、梁某隆将该气动马达从 P-8000A 泵的出口阀体拆下进行清理后回装，但仍未排除故障。当晚，邹某森与林某清约定，于8日下午再处理。

6月8日10时11分，化工厂生产调度通知芳烃车间开乙烯输送泵 P-8000S，经跨线送至2号中压乙烯管网。

11时28分许，芳烃车间设备员梁某健检查 P-8000S 泵发现电机缺油并补油。

11时52分8秒，梁某健、班长苏某万、班长李某到现场启动 P-8000S 泵，泵开启后发现机封油接头有轻微泄漏，11时52分36秒停泵，按照操作规程对泵体进行泄压处理后，交出待设备检修。

11时58分，林某清进入罐区，检查 P-8000S 泵情况。

12时25分，林某清和梁某健在现场研究如何开启备用泵 P-8000A，因出口阀门气动马达故障，无法满足 P-8000A 泵的启动条件。

12时30分左右，苏某万、李某离开现场，吃午饭。

12时33分，化工分部 HSE 总监唐某福进入罐区查看现场作业情况。

12时36分至41分，梁某健等现场人员拆卸 P-8000S 泵出口阀门气动马达的紧固螺栓（拉杆）。

12时41分3秒，P-8000S泵出口阀处乙烯泄漏爆燃着火。

12时41分，苏某万、李某听到响声，冲出办公室进行应急处理，在罐区门口看到唐某福受伤跑出装置区。

12时41分50秒，中控DCS仪表失灵，监控信息失真。12时50分至19时8分，化工分部在运行的12套装置紧急停车。

23时20分许，关阀断料工艺处置成功，火势开始减弱，转入稳定控制保护性燃烧阶段。

6月12日5时51分，带压开孔、带压封堵，重构火炬系统成功，芳烃车间中间罐区明火全部熄灭，现场可燃气体浓度检测正常，应急抢险结束。

二、事故原因及性质

（一）直接原因

在某化工厂芳烃车间乙烯输送泵P-8000S出口轨道球阀加装气动马达过程中，轨道球阀原有阀杆利用铜套压盖的防脱结构被改为螺栓（拉杆）紧固的结构。事发当天芳烃车间外输乙烯准备过程中，现场人员在管道带压状况下，拆卸P-8000S泵出口轨道球阀气动马达紧固螺栓（拉杆），造成轨道球阀阀杆防脱功能失效，在阀门出入口压差（4.07MPa）的作用下，轨道球阀出口密封失效，中压乙烯瞬间逆向流入阀芯腔体推动阀杆冲出脱落，大量乙烯通过阀杆安装孔喷出，摩擦产生的静电火花导致泄漏的乙烯爆燃，造成人员伤亡。

（二）事故性质

该事故是一起严重的生产安全责任事故，是主要由人为因素引发的重大涉险事故，事故的危险程度高、救援处置难、影响群众多、社会反响大、后果严重、问题突出，教训十分深刻。

三、应急救援情况

（一）救援总体情况

此次事故救援处置难度大。一是安全风险极高，研判决策难度大。自事故发生到火势得到控制，11h内火光冲天，火柱高达80m。着火点最近的球罐装有800t乙烯且处于下风向，随时可能爆炸并引发连环爆炸，危及周边群众和救援人员生命安全，紧急疏散了企业周边2800多名群众。二是现场工艺复杂，处置条件苛刻，救援处置难度大。现场需要冒火攻克登顶关阀、带压开孔、封堵导流、管线架接四大难关，涉及带压作业、动火作业、交叉作业，操作稍有不当，将引发二次事故。

事故现场共调集了9支国家综合性消防救援队伍、3支危化专业救援队（包括2支国家危化救援队、1支地方危化救援队）、4支工程抢险队共计1800人，以及176辆消防车、4台灭火机器人、2套远程供水系统、32台战斗保障装备参与救援。在省委、省政府的坚强领导和应急管理部的有力指导下，全体参战救援人员冒着高温炙烤和爆炸的危险，始终坚守阵地，历经89h成功处置，实现了科学救援、有序处置和风险管控。本次事故应急救援处置有力、有序、有效，应急响应程序合法，符合应急处置措施程序及要求。

（二）国家危险化学品应急救援茂名石化队处置情况

1. 闻令而动，快速出击

2022年6月8日12时42分，茂名石化队接警后，乙烯中队7辆车29人迅速出动，接警后3min到场进行初期处置；12时47分，机关及特勤中队增援到达现场；13时42分，全队30辆车、120名指战员到达现场，战斗展开。

2. 侦察火情，初步展开

在行驶中根据火势研判及时调集增援，到场后立即成立火场指挥部，开展人员搜救、火场管控、火情侦检，及时转送一名伤员紧急送医救治，从东、南、西三面部署力量，利用固定设施和移动消防设施冷却保护球罐和管线。

3. 把握重点，设置阵地

乙烯中队2号车在发现着火的第一时间将消防车开到着火罐区的东北角，迅速开启罐区北面的4门固定水炮，对受火势威胁的球罐实施冷却。

1号车从东面经罐区中间消防路抵近火点，开启2门固定水炮，架起移动炮和车载炮进行冷却保护。其他主战车辆从南、西两面进攻，形成三面夹攻冷却保护态势，初期冷却抑爆取得成功。

4. 高点控制，特勤支援

联系车间开启喷淋和高位遥控炮，发现南面2门遥控炮已开启，但方向未能直接打到着火点附近的球罐且无法遥控调节位置，司机班长周某光立即爬上8m平台，手动调整遥控炮射水位置，有效冷却保护南面的一排罐组。

特勤中队增援到达后，命令车辆退至铁门外侧，侧面迎向火场，采用平地控火操的战术措施，连接水带及多功能水枪打开花水，冷却球罐区北面检修路；开启北侧4门固定水炮，对着火点附近冷却灭火，保护邻近球罐及周边管线设备。

5. 尖刀小组，初战告捷

成立尖刀小组，沿北管廊消防路快速进攻，抬移动炮、自摆炮推进到着火点20m范围内展开，后方人员操控大功率消防车供水，向事故罐区北管廊持续打水冷却高温区管线和危险化学品储罐，向着火点西侧液态烃球罐大流量打水冷却保护。

完成主攻任务后，出1支多功能水枪，对北面过火面积约600 m² 的草皮进行扑救。发现北面火场灭火力量比较薄弱，马上调集灭火机器人投入战斗，推进至着火点约15m处，打水冷却保护着火点北侧管道，加强西北面的冷却强度。

6. 集结力量，逼近核心

着火点垂线距离10m处，3辆泡沫水罐车从罐区西北面出3门移动炮，实施对靠近火点储罐及管廊的保护任务。北面水东中队进入罐区东北角，出车顶炮冷却东面受火势威胁的球罐及管廊，1号车出移动炮从东北角冷却管廊。炼油中队、高端碳消防站分别从罐区的西面和西北面各出3门移动炮对罐区及管廊实施冷却，为罐区北面投入战斗力量创造了条件。

16时05分，高端碳消防站将前期已展开的4门移动炮逐一前移抵近火点，其中1门到达火点北侧仅10m左右的位置，有效地控制了火势，降低了辐射热，为各参战队伍从不同方向抵近火点控制火势奠定了基础。北面温度有所下降后，茂名石化队和茂名市消防救援支队协同从正北面发起进攻。

7. 抽调装备，保障供水

15时50分，火场指挥部根据火场的实际情况进行研判，下达了"想尽一切办法、打破常规率先在厂区铺设远程供水系统，实施远程供水，确保火场供水持续不间断"的命令。特勤中队及水务运行部组织40余人，立即开始远程供水工作，完成近800m DN300双干线水带铺设，利用远程供水系统输送1500 m³/h 的水量至消防泵吸水池，保障了持续战斗的灭火用水。

随后，火场指挥部调集4台消防机器人从东北角和西北角向火点靠近冷却。地方消防救援支队在强化冷却阶段出动1辆自供水大功率泡沫水罐车、2台机器人、3门移动炮、5辆举高喷射消防车及5辆水罐车，从北面和南面实施强化冷却。

8. 冒火登罐，关阀断料

8日13时30分，茂名石化队配合工艺人员实施关阀断料。先后派出8名队员共11批次佩戴空气呼吸器，穿隔热服，按照"先四周，后中心"依序推进，对管廊、西侧球罐区及罐顶、南侧球罐区及罐顶、东侧球罐区及罐顶，进行关阀断料和开启安全阀副线排火炬。乙烯中队陈某迎、李某辉、何某燊三人组成尖刀小组，对东面TK-8200A和TK-8000A强行登顶关阀，完成受火焰炙烤最猛烈2台储罐的工艺切断。

茂名石化队和生产单位工艺人员共关闭或打开134个阀门，迅速有效泄压和切断火点物料来源，将大火转变为两团受控燃烧的小火。

8日23时20分，关阀断料工艺处置成功，火势逐渐减弱，火场态势转为稳定燃烧。火场指挥部指令现场战斗力量持续对着火点周边设施进行冷却保护，控制燃烧。因为储罐火炬管线烧断，乙烯球罐内泡点气不断产生，两团小火不能立即扑灭，需要对火炬线等实施6处带压开孔和4处带压封堵后，才能实施灭火。

9日12时45分，火场指挥部指令，优化调整战斗力量，优化消防用水，改为消防管网接移动炮冷却，等待封堵方案实施。

9. 带压封堵，熄灭明火

火场指挥部根据现场实际情况，综合考虑实施难易程度和时间长短等因素，确定抢修方案，通过4次带压封堵，将断裂着火的4条火炬线封住，熄灭罐区明火，恢复紧急排放火炬功能。在3天多的带压封堵方案实施全过程中，茂名石化队负责一线核心区域内的燃烧控制、可燃气体和温度的监测、特殊作业的监护，组织力量24h现场应急值守，在罐区南北两侧共设置5门移动水炮连续冷却。

12日5时51分，在火场指挥部的坚强指挥和作战人员的英勇奋战下，带压封堵提前20h实施完成，加氢球罐区火焰全部熄灭，可燃气体浓度和现场温度恢复正常，应急救援结束。

四、救援启示

（一）经验总结

1. 党员干部率先垂范，队员英勇顽强、冲锋在前

火场中心温度超过1000℃，26个球罐状态不明，周边辐射温度极高，现场笼罩着极度紧张气氛，在整个处置过程中，各级领导和企业应急救援队指挥员坚持全程在最近火点处指挥，党员干部冲锋在前，以身作则给队员信心、勇气和安全感。车辆被高温烤坏控制板后，立即调整车辆替换进攻，决不退缩。在急需增加相邻罐冷却强度时，指挥员亲自率队员多次将移动炮、机器人推到最前沿，抵近着火点冷却球罐及管廊。特别是8名队员和工艺骨干分11批次冒着生命危险关阀断料，践行了对党忠诚、赴汤蹈火的铮铮誓言。

2. 五层防护、冷却抑爆，确保球罐安全

① 优先使用固定消防设施。队伍到达现场后第一时间开启固定喷淋、固定消防水炮、高位遥控炮等固定消防设施，首先对受火势威胁严重的球罐实施冷却。

② 迅速投入移动设施。利用车载炮、举高喷射消防车臂顶炮、移动炮等移动设施，对受火势威胁严重的东、西4个球罐全方位多维度实施高强度冷却，特别加强对东面TK-8000A乙烯罐的冷却。

③ 充分利用消防机器人。调用4台消防机器人，从人员无法靠近的火场下风向逼近战斗位置，从北侧近距离对球罐实施冷却。

④ 持续开展球罐状态监测。安排2组4人，使用红外热成像测温仪对储罐罐壁温度进行高频次监测，随时向火场指挥部报告温度变化情况，为火场指挥部及时调整冷却力量提供决策信息。

⑤ 充分发挥高空优势。利用2台无人机对燃烧区周围进行实时空中立体监控，及时发现球罐的表面温度变化及冷却情况，及时向现场指挥部反馈有关信息。

3. 关阀断料，工艺处置是危化事故处置最优先措施

本次应急救援重点在工艺处置。茂名石化队到达现场后，及时找到现场熟悉工艺操作的技术人员，采取"停泵、关阀、断料"措施实施能量隔离。在水枪掩护下，队伍第一政委、罐区技术骨干、消防队员冒着高辐射热及爆炸风险，佩戴空气呼吸器、穿隔热服（避火服），分成11批次深入高温现场，按照"四周向中心推进"的原则，分区摸排、梯次攻坚，反复上下管廊及球罐，关阀断料，8日23时20分许，共关闭罐区上下游相关系统388条管线的134个阀门，关阀断料工艺处置的成功，是这场大战打赢的基础。

4. 灵活机动、五重措施，确保现场不间断供水

15时50分，现场指挥部总指挥指令组织远程供水，并明确要求水源供给要立足于持久战，消防队伍立即组织实施。

① 保证固定泵供水。企业应急救援队增派车辆抽循环水补入消防泵集水池，保持消防泵正常运行。

② 灵活投用远程供水系统。从安全水池铺设约800m的2条DN300mm管线到消防水池，实现远程输水1500m³/h。16时10分，远程供水系统开始投用，消防水池水位迅速升高。

③ 严控不合理用水。及时管控无效用水，命令不能很好发挥灭火冷却作用

的消防车和移动炮停止用水，保障核心区重点部位的冷却用水。

④ 循环利用消防水。火场指挥部安排核心区的3辆消防车抽取罐区围堰内积存的地面水作战，保证核心区域用水稳定。

⑤ 调用增援力量。利用增援队伍的远程供水车组，在排水池抽水就近向大功率水罐车供水。

5. 精心布置、持续监测，确保实时掌控储罐状态

事故发生后，罐区所有仪表被烧断，无法远程监控。茂名石化队立即成立状态监测小组，部署人员通过手持热成像仪、测温仪及部分未损坏的现场仪表，对球罐实时压力、温度等变化情况进行不间断监测，为指挥员提供决策依据，指导应急力量投放。

6. 精细组织、带压封堵，确保决战决胜

火势在得到有效控制后，由于罐区火炬排放线被烧断，罐区仍存在球罐超压、阀门泄漏等安全风险。现场专家组提出带压开孔、中间联通、带压堵漏的处置对策，企业总指挥确定带压开孔封堵方案，组织开展4次施工推演并监督实施，通过带压开孔6个、封堵导流断口4个、管线架接200m等措施，重构罐区安全排放系统，有效控制了险情。

7. 以人为本，充分运用现代无人和智能装备

① 在灭火处置过程中，使用消防机器人替代抢险救援人员完成抵近火点实施冷却的高风险作业。

② 利用无人机替代抢险救援人员进入高风险现场，完成近距离拍摄现场实时情况，第一时间将火场实况反馈给火场指挥部，及时调整灭火冷却力量。

③ 利用红外线测温仪、可燃气体检测仪对火场温度、可燃气体浓度实时侦检并记录，利用望远镜及气云成像、超声波检漏仪辅助气体进行侦检、安全观察，避免抢险救援人员近距离接近火点及危险部位，做到人和装备有机结合，降低灭火抢险救援人员安全风险。

（二）存在问题

① 重型装备配备有待加强。企业消防队缺少大流量远射程的消防车，扑救高辐射热的大火手段不足；缺少涡喷消防车，处置气体泄漏和火场风向控制手段不足。

② 通信设施器材需要升级。抢险救援人员进入罐区关阀、搜救及高风险作业的动态轨迹无法监控，需要配备带摄像功能的头盔等单兵通信装备。对讲通

信器材要具备防噪声、防水性能，音像信息传输功能应升级。

③ 无人装备需要升级。由于辐射热强，起火点部位及事故核心区域人员靠近困难，远距离测温数据存在误差，应配置具备红外测温功能的无人机和储罐火灾形变检测雷达等仪器，对远距离的火点实施全程监控，为指挥决策及时提供科学的数据支持。

（三）改进建议

① 平时要高度重视消防水源保障配置，立足于大战、恶战，督促完善辖区消防水源和备用水源接驳口设施。应增设管线直接从高位安全水池将水补到消防泵集水池的应急补水系统，防止过滤系统堵塞；同时预留远程供水系统直接抽水加压向消防水管网供水的接驳口，可将远程供水泵车变为临时移动消防泵站。

② 重视战斗编成，提高作战效率，避免后期调整困难。特别是对多支队伍增援的救援现场，现场指挥部要有明确的调动部署，并按需求控制外部的增援车辆进入救援现场，避免现场交通混乱而造成车辆战斗位置的调整困难。

③ 提高消防设施新建装置的建设标准。危化装置建设要坚持"三同时"，关键装置、危险部位的消防建审标准要高，应适当在消防车辆难以展开战斗的区域加设固定消防炮，现场消防控制线路尽可能埋地铺设等。加强日常检查监督力度，确保消防设施可随时投用。

④ 完善指挥体系，坚持属地化管理原则。应明确企业负责人为总指挥，协调各方救援力量，避免出现增援队伍到现场后各自为战的现象，减少现场人力资源和水资源的浪费。

⑤ 强化救援队伍的实战能力和指挥员的态势感知能力。救援队伍应加强现场实战化演练，加大与地方消防力量的联勤联训力度，探索开展无预案式演练，考验指挥员的综合素养和灵活处置能力，培养其在大灾大难时对现场的态势感知能力。

2023年某新材料科技有限公司苯罐"4·29"火灾爆炸事故

国家危险化学品应急救援齐鲁石化队

2023年4月29日9时33分许，某新材料科技有限公司在蓄热焚烧装置（RTO）项目施工过程中，发生火灾事故，未造成人员伤亡，直接经济损失565.35万元。

一、基本情况

（一）事故单位概况

某新材料科技有限公司，成立于2021年3月19日，建有20万t/a芳烃联合装置、10万t/a混合芳烃溶剂油分离装置、25万t/a粗碳四分离装置、50万t/a苯乙烯装置，主要产品有苯乙烯、苯、甲苯、丙烷、丙烯、液化石油气、工业用裂解碳九和氢气等。该公司分为东西两个厂区，东厂区主要是生产装置区及配套罐区，西厂区主要是产品原料储存罐区和装卸区。

（二）事故发生经过

2023年4月29日，某安装公司在该公司西厂区1号罐组防火堤内进行储罐油气收集管线阻火器和切断阀及配套管件的安装工作，阻火器、切断阀以及短管、弯头等配套管件已组装为预制件，该公司储运车间办理了动火安全作业票，动火作业级别为特级。8时05分，某安装公司施工人员徐某斌、燕某、曹某水在吊车司机李某志的配合下，开始自东向西依次对1号罐组储罐油气收集管线进行安装作业，作业内容是预制件与油气收集总管、储罐上的油气收集管线竖管组对、定位焊接。

9时29分，施工人员开始对V2002A储罐油气收集管线进行安装施工。该公司监护人王某远在防火堤外监护，吊车司机李某志将预制件吊装至V2002A储罐油气收集管线竖管与油气收集总管之间，预制件为南北方向水平布置。曹某水站在北侧管廊上对北侧焊口进行组对，徐某斌站在南侧脚手架上对南侧焊口进行组对,燕某负责在北侧管廊上进行北侧焊口定位焊接,9时32分,北侧定位4个固定焊点焊接完成。燕某将电焊机焊钳传递给徐某斌,从北侧管廊移动到南侧脚手架上,并拿回焊钳。因V2002A储罐油气收集管线竖管管口(朝下)与预制件弯头管口(朝上)错位约2cm,为方便校正管口,准备在竖管上焊接两块钢板。

9时33分,徐某斌扶着第一块钢板,燕某在竖管和钢板上刚点焊了一下,现场施工人员听到一声闷响,V2002A储罐发生闪爆,罐体振动,罐顶单呼阀西侧的罐顶板撕裂,罐顶向东南方向掀开,罐顶板变形,整体翻落在V2002A储罐和V2001C储罐之间偏南位置的防火堤内,部分罐顶板靠在V2001C储罐西南侧爬梯上,随后罐内苯起火。

二、事故原因及性质

(一)直接原因

施工人员违规实施动火作业,引燃V2002A储罐内浮顶上部的爆炸性混合气体及罐内物料。V2002A储罐内浮顶上部密闭空间内存在苯挥发气体,与从罐顶阻火呼吸阀进入的空气形成爆炸性混合气体。施工人员在V2002A储罐的油气收集管线竖管上焊接定位铁板时,电焊机回路线未接在焊件上,电流经过竖管、阀门、储罐等形成了电气回路,在罐顶阀门和法兰连接处因接触不良产生电火花,引起罐内爆炸性混合气体闪爆,进而引起储罐内苯起火。

(二)间接原因

① 施工单位未依法落实安全生产主体责任。未按规定建立健全安全生产管理体系,安全生产教育培训不到位,项目施工组织管理混乱,现场安全管理缺失,现场动火作业未确定专人进行现场的统一指挥。

② 建设单位未依法落实安全生产主体责任。动火作业管理不到位;安全风险辨识管控、隐患排查治理不到位;未按规定落实应急救援工作。未按规定建立专兼职救援队伍;消防救援设备设施管理不规范,泡沫站储罐实际容量为10m³,不符合企业消防专篇中15m³的设计要求;未落实节假日期间特殊作业管控要求,违反"五一"假期原则上不安排检维修和特殊作业的要求,为了尽快完成蓄热焚烧装置项目,不影响企业正常生产,不用停产进行改造,在"五一"假期期间安排罐区特级动火作业且未报备。

(三)事故性质

该新材料科技有限公司"4·29"火灾事故是一起因违章动火作业导致的一

般生产安全责任事故。

三、应急救援情况

（一）救援总体情况

事故发生后，该公司项目现场监护人王某远立即疏散施工人员，并通过对讲机向西罐区控制室值班人员赵某报告事故情况。9时45分，赵某拨打齐鲁石化队救援电话请求增援。其间，9时36分，现场施工人员徐某斌打电话向该公司技术人员刘某同报告事故情况。

9时57分，齐鲁石化队救援力量到达现场，经分析研判，决定在事故罐北侧、西北侧分别利用2辆大功率泡沫车车载炮对事故罐进行冷却，利用1辆大功率泡沫车车载炮冷却东侧邻近罐。10时05分，临淄区消防救援大队到达现场开展事故处置。

10时50分，淄博市消防救援支队全勤指挥部到场，根据现场情况制订"先控制，后消灭"的作战原则，调集全市消防救援力量，采取冷却着火罐和邻近罐，配合厂方技术人员进行氮封等措施实施救援。

13时24分，山东省消防救援总队全勤指挥部及灭火救援专班到场，调集济南、潍坊、滨州消防救援支队及山东省鲁中区域灭火与应急救援中心的消防救援力量参与处置。

16时46分，根据国家安全生产应急救援中心指令，国家危险化学品应急救援青岛炼化队到达现场，参与处置。

经全力科学扑救，4月30日1时50分，事故罐火焰变小、火焰热辐射明显减弱、邻近罐体温度降低，现场指挥部整合力量发起总攻。2时30分，现场明火被全部扑灭，无人员伤亡。生态环境部门对事故区域水体、土壤、大气环境密切监测，实施堵、控、引等措施，未发生次生污染。

经综合评估，此次事故应急处置工作中，事故企业进行了先期处置，各救援力量在现场指挥部统筹指挥下，反应迅速、配合密切、处置措施得当，有效控制了火情，未引发次生灾害。事故单位存在事故报告流程不规范、消防设施设备不符合设计要求问题。

（二）国家危险化学品应急救援齐鲁石化队处置情况

第一阶段：调集优势力量，全力冷却抑爆。

9时58分，五队到达现场后，首先进行现场侦察，经询问车间技术人员初步得知，罐区动火作业时引发苯罐闪爆并起火燃烧，罐顶因爆炸脱离罐体，罐内苯立即燃烧。10时05分，现场指挥员部署泡沫消防车（A车）占领着火罐的北侧，用车载炮对着火罐实施冷却；泡沫消防车（B车）占领着火罐的西北侧，用车载炮对着火罐进行冷却；泡沫消防车（C车）在另一泡沫消防车（B车）西侧为其供水，同时出1门移动炮对着火罐进行冷却。

10时07分，四队增援力量到达现场，泡沫消防车（D车）占领着火罐北侧，出2门移动炮对着火罐实施冷却；泡沫消防车（E车）位于纯苯罐区东北侧的液化气罐区北侧，穿过液化气罐区，架设1门移动炮对着火罐东侧邻罐V2001C进行冷却，其他车辆待命。

第二阶段：集中力量近距离冷却控制，压制火势扩大。

10时15分，齐鲁石化队增援力量到达事故现场，与淄博市消防支队联合成立现场指挥部。根据研判，重新部署任务，首先派专人进入中控室利用DCS监控数据，随时掌握着火罐及邻罐的温度是否在受控状态。为全力确保V2002A两侧邻罐安全，现场指挥部要求现场分片包干，分别安排战训科、消防四队、消防五队负责人负责北侧、西北侧两个阵地，确保任务下达准确执行到位。根据现场灾情态势，现场指挥部要求贯彻"侦检先行、规范处置、防护到位、安全第一"的作战理念，果断采取"移动炮优先、冷却控制、重点设防"的战术措施。

12时05分，泡沫消防车（D车）改为用车载炮冷却东侧邻罐V2001C；泡沫消防车（A车）改为用车载炮对东侧邻罐V2001C实施冷却；泡沫消防车（B车）占领着火罐西北侧，用车载炮和1门移动炮对邻罐V2002B实施冷却，其他车辆任务不变。

16时20分，按照山东省总指挥部指令，对着火罐V2002A发起第一次总攻，因供料管线阀门未关闭、事故企业本身消防水储量不够，且地方供水单位供水能力不足，导致第一次总攻灭火效率不高，按照总指挥部指令，继续冷却周边邻罐。

17时15分，因罐壁坍塌，大量苯外泄至防火堤内，形成流淌火并向四周蔓延，瞬间对着火罐西的邻罐V2002B及防火堤外西北侧的消防车辆及人员形成威胁，西北侧人员立即撤出。此时，现场指挥部果断安排泡沫消防车（A车、D车）及时调整炮口，扑灭着火罐北侧周边的流淌火，西北侧撤出人员用消防车（F车）组织2支泡沫枪对流淌火进行阻截，泡沫消防车（B车）用车载炮将流淌火扑灭后，及时恢复对着火罐及邻罐的冷却。

19时20分，泡沫消防车（E车）撤出阵地待命，由青岛炼化队增援车辆占据其位置，向D车供泡沫原液。

第三阶段：采取强攻近战，全面扑灭火灾。

经过再次抵近侦察，现场指挥部果断调整为南北夹击战术，淄博市消防支队负责罐区南侧，齐鲁石化队负责罐区北侧，确定实施"全泡沫进攻，冷却控制燃烧"的战术措施。

4月30日1时40分，对着火罐发起总攻灭火，现场指挥部要求齐鲁石化队北侧泡沫消防车（A车、D车）和西北侧泡沫消防车（B车）全力出泡沫对着火罐实施灭火，2时30分火灭，持续冷却着火罐4h后停止。

第四阶段：实施现场监护。

6时30分，所有参战车辆留守事故现场实施监护，10时40分，按照山东省总指挥部命令，所有参战队伍有序撤回，恢复战备执勤。

此次火警从接警出动到明火扑灭，共用时16h45min，出动消防、气防车辆8辆、人员47人，共用消防水约11600t、泡沫约37.50t，水带800m。

四、救援启示

（一）经验总结

① 企地通力协作、密切配合。齐鲁石化队负责火场北线，淄博市消防支队负责南线，采取"南北夹击""强冷保邻"战术，精准设置救援阵地，成功处置现场三次险情，保证了救援任务的圆满完成。

② 两级指挥员科学决策、靠前指挥。齐鲁石化队领导赴一线进行火情了解，掌握第一手资料，并派出专业技术人员进行灭火指导。全体指战员面对高温、浓烟的恶劣环境，在罐壁坍塌、大量苯外泄至防火堤内形成流淌火并向四周迅速蔓延时，立即组织撤离，及时调集力量采取支援措施，全力保证了人、装备安全。

③ 指战员沉着果敢、英勇顽强。各级消防救援人员始终一起战斗，面对生与死的考验，敢打敢拼、不惧危险，顶着强烈的辐射热将水炮阵地设在最有效的位置，奋战在火场一线，彰显了骁勇善战、敢打必胜的战斗精神。

（二）存在问题

① 事故企业本身消防水储量不足，无法满足前线救援车辆满负荷进攻需求，救援现场供水时断时续，导致第一次总攻灭火效率不高，给后续灭火带来一定的困难。

② 战勤保障体系需进一步完善。现场救援队伍对事故单位的基本情况和部门职责不熟悉，在协调后续灭火剂、油料等应急物资补充供应时不够及时，给有效控制火势带来不利影响。

③ 与地方救援队伍通信设备不匹配，现场存在互通互连滞后现象，在一定

程度上影响灭火救援效率。

（三）改进建议

① 加强企业消防监督管理，确保消防水源保障配置，督促完善辖区消防水源和备用水源接驳口设施。

② 加强联防联训与人员培训，队伍应经常性开展与驻地企业的联动演练，熟悉掌握现场情况，开展针对性业务学习与技能操作训练，提前做好应急准备。

2024 年某石化公司油罐"3·27"火灾事故
国家危险化学品应急救援贵州磷化队

2024 年 3 月 27 日 22 时许，某石化公司一汽油罐因雷击起火，无人员被困、无人员伤亡，直接经济损失约 723.59 万元。

一、基本情况

（一）事故单位概况

某石化公司油库分为汽油罐区（3 个 2000m³ 储罐、2 个 3000m³ 储罐）、柴油罐区（2 个 2000m³ 储罐、4 个 3000m³ 储罐）、装卸车区、辅助生产区（消防水罐、消防泵房、变压器室、配电室、柴油发电机室、消防控制室等），总库容 2.8 万 m³，柴油折半后计算库容未满 2 万 m³，属于三级油库。其设置自动化控制系统、火灾自动报警系统、可燃气体泄漏检测报警系统、紧急切断系统、视频监控系统、消防喷淋泡沫系统。

（二）事故发生经过

2024 年 3 月 27 日 22 时 17 分 39 秒，某油库 TG-104 汽油储罐位置发生雷电活动；17 分 43 秒，该储罐罐顶呼吸阀区域出现闪火；17 分 44 秒，该储罐内浮盘以上油气空间发生闪爆，储罐罐顶被掀开，同时储罐罐壁向外扩，储罐罐顶因重力作用掉落于储罐内。

二、事故原因及性质

（一）事故原因

强对流天气下雷电直击在汽油罐区 TG-104 储罐罐顶呼吸阀区域引燃油气，进而导致储罐内部汽油燃爆。

（二）事故性质

经调查认定，本次事故是一起因极端强雷击引发的一般火灾事件。

三、应急救援情况

（一）救援总体情况

2024年3月27日19时47分，某石化公司完成当天发油任务，结束发油。当班人员王某斌于22时14分开始对罐区进行巡检。22时17分许，巡检人员听到雷声，同时听到爆燃声，发现TG-104汽油罐起火，立即拨打了119，并报告公司迅速启动应急消防设施，打开TG-103、TG-104、TG-105号罐的喷淋系统，并启动了TG-104着火罐的泡沫系统，随后撤离罐区。

接报后，黔南州组织应急、消防、公安、气象等部门以及中国石化、国家危险化学品应急救援贵州磷化队等单位，立即开展应急救援。同时，贵州省消防救援总队先后调派贵阳消防救援支队、安顺消防救援支队、训保支队支援救援工作。贵州省应急厅、省消防救援总队到场指导救援工作。经全力扑救，大火于28日15时40分全被扑灭，未发生人员伤亡和次生灾害。

（二）国家危险化学品应急救援贵州磷化队处置情况

2024年3月27日23时31分41秒，贵州磷化队接警后，立即启动应急响应程序；23时42分，赶往事故现场，并与现场指挥部保持通信联络，报告贵州磷化队参战人员和携带的救援装备情况，并进一步了解现场事故发展态势及救援情况。

28日2时12分，贵州磷化队到达现场指挥部，报告车辆、人员、灭火剂携带情况。根据现场指挥部任务安排，贵州磷化队接受贵州黔南消防支队统一指挥和调度，前期主要负责给主战车辆供水，后期由水转泡沫灭火剂实施灭火，并与现场指挥部共商救援方案，根据现场火势稳定情况及现场火灾扑救风险，现场指挥部决定让着火罐稳定燃烧，对邻罐采取降温冷却保护措施。

28日2时35分，根据现场指挥部要求，贵州磷化队主要负责东北角对前线主战车辆进行供水，对3号罐实施冷却保护。贵州磷化队在储罐区东北侧铺设3条各150m供水干线，另3条供水干线接贵阳市消防支队远程供水系统各200m，利用2台消防车在1.50km外拉运供水，维护供水干线，保障火灾现场供水不间断。

15时30分，消防水、泡沫灭火剂已准备完毕。现场指挥部对TG-104号储油罐发起总攻，15时35分储油罐火被扑灭。火场指挥部命令继续对TG-103、TG-104、TG-105号罐进行出水降温。

16时30分，接现场指挥部指令，贵州磷化队整理装备器材，清点人员，开始归建。

四、救援启示

（一）经验总结

① 贵州磷化队接事故处置调令后，立即部署组织精兵强将，确定行车路线，第一时间调派了2个中队的泡沫消防车和遥控炮，保持了充足的灭火力量。

② 增援途中和现场指挥部及时建立通信联系，实时了解现场情况。到达事故地点及时向现场指挥部汇报，并立即投入战斗，提高了应急救援效率。

（二）存在问题

① 救援中因多支队伍参与处置，与现场指挥部沟通不畅，有时要跑步进行面对面沟通。

② 取水困难，市政消防管网水压、水量均不能满足长时间灭火作战需要；消防管网水流小、水压低，加水时间较长，缺少大功率消防车。

③ 缺乏对油罐火灾处置的经验。

（三）改进建议

① 应加强应急救援现场通信建设，保障应急救援现场多支队伍同时处置时的通信指挥畅通。

② 加强理论和实操培训，在演练和实战中磨炼队员意志，增强实战心理素质，提高技战术能力。

③ 配强、用好先进适用的专业化主战装备，加强装备日常管护，提升队伍专业化水平。

2024 年某油田公司采油厂净化罐 "6·20" 起火事件

国家危险化学品应急救援长庆油田队

2024 年 6 月 20 日 8 时 43 分，某油田公司采油厂冯地坑作业区姬一联合站 4 号净化罐发生起火事件，造成 2 人轻伤，直接经济损失 34 万元。

一、基本情况

（一）事件单位概况

2024 年 4 月 23 日，某油田分公司第五采油厂，通过公开招标形式让定边县某污油泥土处理有限责任公司实施 2024 年定边区域储罐清理服务项目。5 月 15 日签订《某油田分公司第五采油厂 2024 年定边区域储罐清理服务承揽合同》《安全生产（HSE）合同》和《非煤矿山外包工程安全生产管理协议》，合同约定执行《立式圆筒形钢制焊接油罐操作维护修理规范》（SY/T 5921—2017）技术标准，工程内容暂定冯地坑作业区、堡子湾作业区、马家山东作业区、马家山西作业区、麻黄山南作业区（定边区域）辖区内 109 个储罐清理，包含 5000m³、1000m³、700m³ 储罐及其他类型储罐、容器、各类干化池等若干，清理油泥预计 10228m³，工作内容包含施工场地铺垫、安全措施（罐内脚手架搭建等）、蒸汽蒸罐、通风换气、检测、油泥清理、油泥站内运输、擦罐底及罐壁、地坪恢复及场地清理等。

第五采油厂主要承担姬塬油田、渭北盆地前期勘探评价及地质研究等业务，经营范围包括石油制品制造、石油制品销售（不含危险化学品）、陆地石油天然气开采等。

冯地坑作业区是第五采油厂 8 个作业区中面积最大、区块最多、开发年限最长的作业区。目前，该作业区管辖联合站 3 个（姬一联合站、马家山脱水站、姬塬输油站）、转油脱水站 7 个、增压站（撬）26 个、注水站（撬）4 个、简易输油点 6 个、供水站 3 个、卸油台 1 个、污泥暂存点 1 个。

姬一联合站设计原油处理能力为 50 万 t/a，采出水处理能力为 20 万 m³/a，承担上游 11 个站点的原油进站、脱水处理、计量外输工作。现有员工 36 人，配套建设机泵、压力容器、储罐、加热炉等各种生产设备40台，设5000m³、1000m³两个储罐区，消防系统配套设置了固定消防冷却水系统和固定消防泡沫灭火系统。

承包单位为定边县某污油泥土处理有限责任公司，经营范围主要包括收集、贮存、处置废矿物油HW08，油气库设施清污防腐、防漏、金属容器的设计制造与安装咨询服务，含油污泥、含油废弃物的回收、清理、运输及无害化处理等，取得榆林市生态环境局颁发的陕西省危险废物经营许可证。

某东港公司施工队主要承担清罐作业和污油转运业务，施工队负责人范某，负责施工队全面管理工作，现场负责人苗某亮，负责作业区手续办理及现场施工安排。施工队配备2辆轻型普通货车、外雇1辆重型专项作业车（自吸污油车，驾驶员范某雄），清罐工人4名（苏某、刘某纬、苗某和、高某昌）。2024年5月15日至6月20日，清理第五采油厂储罐22个，包括1000m³储罐2个、200m³储罐4个、100m³储罐1个、40m³储罐11个、8m³储罐2个、三相分离器2台。

（二）事件发生经过

2024年6月18日，某东港公司施工队进入第五采油厂冯地坑作业区姬一联合站完成4号1000m³净化罐清罐作业现场布置。

2024年6月19日，某东港公司施工队按照油泥清理作业方案开展排液操作，组织清罐工在4号净化罐人孔前方挖油泥收集坑、打开人孔、油泥外排、吸污转运，当储罐液位降至人孔以下后，完成人孔封堵、关闭作业，当日清理油泥43t。

6月20日8时8分，某东港公司施工队进入姬一联合站后，范某雄驾驶自吸污油车停放在防火堤外，未采取静电接地措施，现场负责人苗某亮组织工人继续开展4号净化罐清罐作业。

8时16分，某东港公司施工队就位后，姬一联合站安全员兼属地监督王某辉对轴流风机、配电柜设施、人孔口附近气体检测等安全措施落实情况进行现场核查、确认。

8时39分，清罐工打开4号净化罐底部人孔，流出少量污油，将自吸污油车吸污软管引入油泥收集坑内短暂抽吸，随后将吸污软管放入净化罐人孔口内进行抽吸。苗某亮将轴流风机通电运转后，发现风机反转，立即倒插头进行调整。

8时42分，自吸污油车驾驶员范某雄关闭自吸泵。8时43分，车辆熄火，4号净化罐起火，继而引发3号、6号储罐着火。起火事件造成某东港公司2名清罐工受伤，姬一联合站3个储罐及部分管线受损。

经现场勘察，受损最严重区域集中在1000m³储罐区内，该储罐区内建设有4个储罐，均为钢制拱顶罐，罐壁、罐顶厚6mm，罐底厚8mm，起火事件造成3号、4号、6号储罐及部分管线不同程度受损。

二、事件原因及性质

（一）直接原因

某东港公司施工队在抽油作业过程中，吸污作业车罐内静电聚集，在油罐污油人孔口附近抽油管道末端处发生静电放电，产生火花，引起罐口附近油气燃烧，燃烧的油气经罐顶轴流风机吸入罐内，造成罐内油气闪燃。

（二）间接原因

某东港公司安全管理责任落实不到位。一是未针对储罐清理作业项目制订健康安全环境作业指导书，未制订储罐清理作业操作规程；二是安全生产教育培训不深入，未根据岗位风险和作业内容进行教育培训，现场作业人员风险意识不足、安全观念淡薄；三是作业管理不细致，未及时制止、纠正违规作业行为。这是事故发生的主要原因。

某油田公司采油厂，安全管理责任落实不到位。未制订储罐清理作业操作规程；未制订有效的承包商管理制度，对承包商施工作业方案审查把关不严；安全技术交底流于形式，风险辨识不全面；未组织开展事故应急演练；现场监督及安全管理人员未及时制止、纠正违规作业行为。这是事故发生的重要原因。

（三）事件性质

事件调查组调查认定，这是一起因发包单位未落实安全生产管理责任、承包单位施工人员违规作业造成的生产安全责任事件。

三、应急救援情况

（一）救援总体情况

事件发生后，清罐施工人员迅速撤离现场，姬一联合站副站长王某杰、王某辉立即使用站内35kg灭火器进行初期灭火，因着火面积较大，未能扑灭。

8时45分，站长康某启动联合站火灾事故应急处置方案，并申请作业区和厂部消防车救援。同时，王某辉前往消防泵房启动站内消防系统（储罐喷淋系统和泡沫系统）运行灭火，火势未得到有效控制。

8时46分，冯地坑采油作业区经理黎某启动作业区专项应急预案，抽调周边巡检维护队，抢险人员携带灭火器前往现场开展救援。

8时50分，某东港公司将伤员苗某亮、刘某纬送往定边县人民医院治疗。

8时58分，采油厂厂长杨某启动厂级应急预案，常务副厂长鞠某文带领机关部室人员及救援物资赶赴现场组织救援，并在第一时间向属地消防队报警，并按照规定时限，分别向定边县应急局、定边县人民政府、油田公司报告事故情况。

9时23分，鞠某文及相关抢险人员到达现场后，立即有序组织现场救援工作。

9时50分，采油厂消防大队6辆消防车陆续到达事故现场（由于道路崎岖，车辆行车缓慢），开展灭火救援。

10时30分，定边县消防救援大队4辆消防车到达现场开展救援灭火。

10时59分，火完全被扑灭，消防车辆、储罐喷淋系统持续对储罐降温。

12时02分，储罐温度降至安全范围，解除应急响应，保留部分消防车辆现场戒备。

（二）国家危险化学品应急救援长庆油田队处置情况

1. 接警出动

2024年6月20日8时45分，国家危险化学品应急救援长庆油田队第五采油厂消防大队火警调度指挥中心接警，冯地坑采油作业区姬一联合站4号1000m³储油罐发生火灾请求救援。

2. 力量调集

接警后，长庆油田队第五采油厂消防大队直属3个执勤消防中队消防救援人员共36人、各类消防车辆6辆，立即赶赴冯地坑采油作业区姬一联合站进行救援。

3. 请求增援

9时28分，长庆油田队调派第三采油厂消防大队5辆泡沫消防车、第九采油厂消防大队2辆泡沫消防车、第八采油厂王盘山消防中队2辆泡沫消防车、第七采油厂环江消防中队2辆泡沫消防车进行增援。

4. 全勤指挥部到达现场

9时35分，第五采油厂消防大队全勤指挥部达到事故现场，立即成立火情侦察小组，对事故区域进行火情侦察。侦察小组领受命令后立即开展火情侦察，首先由姬一联合站正门进入开始侦察，进入约20m时，罐区再次发生小范围爆炸，爆炸产生的储罐碎片从燃烧罐区抛出，考虑到安全问题，侦察小组立即从正门撤出，由该站后门进入继续进行火情侦察。经侦察确认：1000m³原油储罐区1个1000m³原油储罐火势呈猛烈燃烧阶段，地面有约500m²的流淌火，威胁周围的3个1000m³储罐和2个500m³储罐，以及北侧1号5000m³沉降罐；除爆炸罐冷却喷淋、泡沫灭火系统损坏无法使用外，其他邻近罐冷却喷淋系统均可以正常使用。

5. 第一阶段战斗部署

9时50分，第五采油厂消防大队在1000m³罐区东北侧设置1号泡沫消防车，利用车载炮对地面流淌火进行扑救；在西南侧设置2号泡沫消防车，利用车载炮对6号1000m³储罐进行扑救。

9时55分，延长定边采油厂消防队2辆消防车及12名指战员到达现场，从北门处向正北侧1号泡沫灭火车辆不间断供水。

10时13分，第五采油厂消防大队3号、4号泡沫消防车从4号1000m³爆炸罐的正北侧，5号泡沫消防车从西北侧对爆炸罐进行扑救，6号泡沫消防车为5号消防车进行供水。

6. 增援力量到达现场

10时20分，增援的定边县消防大队4辆车到达现场，定边县应急管理局局长任命县大队教导员为灭火救援总指挥，现场指挥员移交指挥权。调整1辆水罐车向前沿作战的第五采油厂消防大队5号消防车进行供水，1辆泡沫消防车在罐区东南角进行现场警戒。

10时25分，长庆油田队第三、八、九采油厂消防队增援的9辆泡沫消防车陆续到达救援现场，对第五采油厂消防大队的灭火车辆进行灭火药剂补充。

7. 第二阶段战斗部署

10时40分，采用"六车六炮八供水"的总攻方案，全覆盖着火罐区实施总攻灭火。

① 第五采油厂3号、5号泡沫消防车在罐区南侧对3号沉降罐、4号净化罐区域实施灭火，2号泡沫消防车在罐区北侧扑救罐区流淌火。

② 第三采油厂3辆泡沫消防车设置在罐区西南侧、西北侧、北侧对3号、6号沉降罐区域流淌火实施灭火。

③ 第五采油厂2辆、第三采油厂2辆、第九采油厂2辆、第八采油厂2辆泡沫消防车在站库外分别给灭火战斗车辆进行供水。

10时50分，所有参战车辆按总攻方案到达指定位置。

10时51分，各参战力量发起总攻。

10时59分，现场明火被扑灭，火情得到了全面控制，继续使用泡沫进行覆盖冷却。

11时40分，经红外测温仪检测罐体温度降至常温，无复燃可能，转为现场监护。

四、救援启示

（一）经验总结

① "6·20" 火灾事件救援是近年来首次远距离、跨区域、多队伍联合作战，指挥有力，决策科学，队员严格执行救援方案，队伍快速反应、敢打敢拼、能打硬仗，是成功完成救援任务的基础。

② 在这次应急救援任务中，没有造成人员伤亡，有效避免了联合站内其他相邻的5个储油罐发生次生灾害，避免了整个联合站陷入瘫痪状态。

（二）存在问题

① 环境安全评估与辨识不够准确。现场环境安全风险预判不足，由于大量冷却水渗入路基，造成场站北门路面湿陷，调运的拉水车辆陷入路基无法移动，堵塞消防通道，影响救援车辆进入，延长灭火救援时间。

② 手持通信设备实际应用不灵活。灭火救援初期，手持通信设备现场通信指挥不畅，使用网络信号，未调节至脱网状态，导致命令下达不连贯，信号时断时续。

③ 消防救援人员实战经验储备不足。新增配的消防救援人员火场经验储备不足，未经过火灾实战的考验，心理发生较大变化，有畏战畏难情绪、战术动作慌乱，未发挥出日常训练水平。

④ 场站员工消防系统操作不熟练。在现场救援过程中，场站固定消防系统泡沫管网未发挥作用。

（三）改进建议

① 增强现场风险评估和风险辨识能力，掌握重点站库消防通道、防火堤、路基和紧急疏散集结地点情况，保持通道畅通，设施设备完好。

② 灵活应用手持通信设备，无网区域及时调整使用信号和频率，保证通信畅通、命令下达及时、信息接收准确。

③ 加强基层消防救援人员实战拉动演练，有针对性地开展油气区场站装置或油槽灭火训练，从心理、生理等多个层面，贴近实战，感受真火，储备理论与实践知识，提升消防救援人员的灭火技能。

④ 持续加强日常消防教育培训管理及监督检查工作，确保固定消防系统完好有效，提高场站员工消防系统操作熟练度。

道路运输事故

2017年青兰高速液化气罐车"7·26"泄漏事故
国家危险化学品应急救援青岛炼化队

2017年7月26日14时30分，山东省青岛市黄岛区青兰高速81km处一辆拉载20m³植物油的油罐车与一辆满载26t液化天然气的罐车发生追尾事故，造成罐车接卸阀门和压力表被撞断，大量液化天然气发生泄漏。液化天然气经过20h的排空之后被成功封堵，保护了北侧毗邻居民村庄以及企业的安全，避免了重大灾害事故的发生。

一、基本情况

青岛至兰州高速公路简称青兰高速（G22），是连接青岛市和兰州市的高速公路，全长1795km，双向4/6/8车道，沿线经过青岛、莱芜、泰安、聊城、邯郸、长治、临汾、庆阳、平凉、定西、兰州等城市。青兰高速是国家重点工程。

2017年7月26日14时30分，一辆装载20m³植物油的油罐车在青兰高速由东向西行驶时，追尾前方一辆满载26t液化天然气的罐车，造成罐车接卸阀门和压力表被撞断，大量液化天然气发生泄漏，直接经济损失约26万元。

二、事故原因及性质

（一）事故原因

油罐车行驶过程中速度过快、超车不当，追尾前方一辆满载26t液化天然气的罐车。

（二）事故性质

该起事故是一起由交通事故导致的危险化学品道路运输泄漏事故。

三、救援过程

（一）救援总体情况

事故发生后，植物油油罐车与液化天然气罐车司机迅速将车辆熄火并断开电源，封闭青兰高速由东向西方向路段，禁止车辆通行，同时向政府应急部门、高速交警、公安消防报警。

西海岸新区政府应急指挥中心，组织了高速交警、路政、公安消防进行救援，并调集了国家危险化学品应急救援青岛炼化队到现场参与救援。

7月27日18时57分，封闭近30h的青兰高速济南方向81km段恢复通车，救援工作取得圆满成功，没有发生次生事故。

（二）国家危险化学品应急救援青岛炼化队处置情况

7月26日15时2分，青岛炼化队报警后，立即出动3车、12人，携带各种抢险、侦检、检测、堵漏等特种设备赶赴现场。

15时55分，青岛炼化到达现场后经现场侦检，发现车辆因追尾造成罐车接卸阀门和压力表断裂，大量天然气泄漏。由于液化天然气的温度在-160℃左右，无法进行倒罐，泄漏点在两车相撞结合处，不能实施封堵，后边罐车车头直接挂到前车尾部保险杠上，前轮胎悬空，撞入天然气罐车40cm，泄漏的液化天然气在事故车尾部形成约30m²冰霜，槽车内压力为0.1MPa，温度为-160℃。该事故路段北侧紧邻村庄，一旦发生着火爆炸，将对周边居民小区和抢险救援人员造成巨大的危险。

① 立即安排气体检测组携带四合一检测仪，对事故车辆周边500m范围进行不间断检测，重点是高速路北侧雨水暗渠等重点部位，确定液化天然气扩散范围和爆炸风险区域的检测数据，并及时报告现场指挥部。

② 立即将消防车辆后撤至500m外，并架设3门遥控消防移动水炮，在两辆事故车周围形成包围，稀释和驱散扩散挥发的液化天然气，同时在事故300m和500m设立隔离警戒带，严禁无关人员进入现场。

③ 采取打开槽车泄压阀现场排放的措施，确定先排空再处置的方案。在排放过程中，对方圆500m进行警戒，严防无关人员进入现场，同时安排3门移动遥控喷雾水炮对周边进行不间断稀释，防止因静电聚集发生爆炸。

④ 27日14时，经过20h的排空与侦检检测，现场具备两车分离的条件。在大流量遥控水炮的掩护下，成功实施两辆事故车辆安全分离。侦检小组对分离后的事故车周围进行检测，并对进入高速公路暗渠内的液化天然气用水枪进行稀释和驱散，配合专业人员完成堵漏。18时57分，青兰高速恢复通车，救援工作取得圆满成功。

四、救援启示

（一）经验总结

① 坚持封闭疏散。现场指挥部迅速组织北侧村庄居民实施疏散，对液化天

然气泄漏周边 1000m 范围内区域实施封闭，在事故发生处对双向高速公路 3km 范围内进行封闭管理，确保现场人员安全。

② 坚持科学施救。严控进入现场抢险救援人员、救援器材，消除现场一切可能引发事故的热源、火源、静电和火花；运用多功能可燃气体检测仪对周边气体进行不间断检测，为现场救援提供实时检测数据。

③ 坚持先期处置。事故发生后，及时关闭阀门、控制危险源是应急救援工作的首要任务，切断可燃物料来源，控制危险源，防止事故的继续扩展，完善应急预案，增强预案的适用性、针对性，定期组织开展综合演练、专项演练，尤其是现场处置演练，提升队伍突发事故后第一时间的处置能力。

（二）存在问题

① 现场各类安全警示标志不全，警戒范围没有分级，进入核心范围的人员管控不严格。

② 应急抢险救援物资没有及时到位。

（三）改进建议

① 加强进入事故现场人员的管控，建立登记制度。

② 队伍应储备一定数量的应急救援物资，并分类储存，针对不同事故快速调用相应的应急救援物资。

2018年某运输公司槽罐车"3·5"火灾事故

国家危险化学品应急救援大庆油田队

2018年3月5日12时34分，大庆市龙凤区某运输有限公司停车场运输槽罐车发生爆燃事故。事故造成现场10余辆大型危化品运输槽罐车被烧毁，1人受伤，直接经济损失500余万元。

一、基本情况

某运输有限公司成立于2015年5月，经营范围为道路普通货物运输、停车服务等相关业务，占地面积约10000m²。公司东侧为村路（5.5m）毗邻某牧业公司，南侧为排水沟（3m）毗邻村路（3.5m）和民房，北侧为树林带，西侧为空地毗邻树林带。火灾发生时气温−9℃，天气晴，西北风3～4级。

2018年3月5日12时许，大庆市某运输有限公司停车场1名工作人员违规将大型运输槽罐车上的油品，利用小型SUV进行倒运，在输转过程中产生静电火花，导致挥发的可燃油蒸汽发生爆燃，进而导致汽油运输槽罐车发生火灾，火势蔓延扩大，最终造成多辆危化液体运输槽罐车烧毁、1人员受伤的事故发生。

二、事故原因及性质

（一）直接原因

现场工作人员违规进行易燃危化液体倒罐作业，在输转过程中产生静电火花，导致挥发的可燃油蒸汽发生爆燃，进而导致汽油运输槽罐车发生火灾。

（二）间接原因

企业超出经营范围，在未取得危化品运输车辆停车服务的情况下，停车场违规停放多辆危化品运输槽罐车；并且在车辆停放管理过程中，管理不严格，违规进行倒罐作业，导致事故发生。

（三）事故性质

某运输有限公司槽罐车"3·5"停车场火灾事故是一起道路交通领域的生产安全责任事故。

三、救援过程

（一）救援总体情况

1. 快速反应，重兵投入

2018年3月5日12时34分，大庆市政府指挥中心接到报警：大庆市龙凤区某运输公司停车场运输槽车发生火灾。大庆市政府指挥中心立即启动《大庆市重特大火灾事故应急处置预案》，向市政府、公安局及安监部门汇报，调派相关部门到场联合处置。按照就近调派原则，立即调派公安消防支队光明专职大队、万宝中队、油田消防支队东光中队、公安消防支队中林专职大队，以及全勤指挥部和灭火救援指挥专班随行出动，共34辆消防车、104名消防官兵赶赴现场。

12时39分，公安消防支队光明专职大队到场。现场指挥员立即组织火场侦察，侦察后，立即向大庆市政府指挥中心汇报，火势难以控制并有蔓延趋势，请求增援。

12时40分，大庆市政府指挥中心根据汇报情况立即调派公安消防支队特勤大队、兰德中队、东城中队、让胡路中队、红岗中队、新村专职大队、乘风专职大队、龙南专职大队、油田消防支队特勤大队、油田消防支队萨南中队、石化支队一中队，11个大中队，共55辆消防车、182名指战员到场增援。

13时01分，万宝中队、全勤指挥部先后现场。

13时04分，油田消防支队东光中队增援到场。

13时06分，公安消防支队中林专职大队、灭火救援指挥专班相继到场。

13时08分，石化支队一中队增援到场。

13时15分，市政府副市长安庆华，公安局常务副局长李达，公安局副局长孙化呈，龙凤区委、区政府以及社会相关部门相继到场。

13时30分，油田消防支队萨南中队增援到场。

13时35分至15时02分，东城中队、新村专职大队、乘风专职大队、兰德中队、特勤大队、红岗中队、油田消防支队特勤大队、让胡路中队、龙南专职大队增援力量相继到场。

14时30分，火势得到控制，明火全部扑灭。

16时25分，除光明专职大队、万宝中队、特勤大队留守外，其他参战单位安全撤离归队。

2. 初战到场，全力控火

12时39分，公安消防支队光明专职大队由于距离起火单位距离较近，在赶赴火场途中，观察到现场浓烟较大，高达20m的红色火焰夹杂在浓烟中向上翻滚，公司院内西北侧有3辆槽车正在燃烧，整个公司院内全部笼罩在浓烟中。

到场后，经侦察得知，公司院内西北角一侧槽车起火，火势猛烈并向毗邻的东侧槽车蔓延，且发现有2人受伤，情况十分紧急。

根据这一情况，现场指挥员命令战斗员立即利用救援担架抢救转移被困人员，并抬至安全地点移交至120救护车内。

现场指挥员立即下达作战命令，将到场参战力量分为四个战斗小组：

第一战斗小组在公司院内停车场南侧中部空地，利用111号泡沫车出一支PQ8泡沫管枪，直攻西北角处起火槽车及周围地面流淌火，阻截火势向南侧停放的槽车蔓延，由124号水罐车串联供水。

第二战斗小组在公司院内停车场正南侧空地，利用123号水罐车出1支19mm直流水枪和1门移动水炮，阻截火势向停车场东侧毗邻槽车蔓延及冷却降温，226号车为其供水。

第三战斗小组利用停于公司院内停车场东侧空地的215号泡沫车出1门泡沫炮，协助第二战斗小组扑灭地面流淌火。

第四战斗小组利用停于公司院内停车场东侧空地的举高喷射消防车出一支PQ8泡沫管枪直攻北侧着火点，并指定安全员观察现场情况变化，适时发出撤离信号，与到场的交警部门共同在停车场院外设置现场安全警戒。

战斗过程中，安全员发现西北角处起火的槽车火焰明显变亮，罐体抖动并发出异响，安全员果断发出撤离信号，前沿阵地人员听到信号后迅速向东南、西南两侧迅速撤离。同时，现场指挥员命令公司院内参战的消防车辆立即撤离至安全地带。

车辆撤离至安全地带后，西北侧起火槽车毗邻的槽车爆炸，火势瞬间扩大，在罐体一侧撕开一个裂口，形成大面积流淌火，流淌至南侧槽车。根据这一情况，现场指挥员重新调整战斗力量部署，第一战斗小组、第三战斗小组利用停于公司停车场东侧院外的226号水罐车出2支19mm直流水枪和1门移动水炮扑灭南侧因流淌火引起的车辆火灾；第二战斗小组、第四战斗小组利用停于公司停车场东侧院外的248号水罐车出1支19mm直流水枪及1门移动水炮扑救公司院内北侧起火车辆，等待增援。

13时01分，万宝中队、全勤指挥部同时现场，全勤指挥部现场总指挥命令万宝中队在公司院外东北侧设置移动水炮阵地，冷却北侧起火槽车，阻截火势蔓延，其他车辆不间断供水。

13时03分，公安消防支队支队长毛海峰带领灭火救援指挥专班到场，与前期到场的全勤指挥部，成立现场指挥部，对现场实施统一指挥。现场指挥部命令，光明专职大队为主战队，按照当前作战部署继续战斗，等待下一步作战指令。

13时04分，油田消防支队东光中队增援到场，现场指挥部命令利用停于公司停车场院外的1501号泡沫车，设置1门移动泡沫炮阵地，接替光明专职大队南侧阵地，对南侧燃烧的槽车进行灭火，阻截火势向四周毗邻车辆蔓延，其他车辆为其不间断供水。

13时06分，公安消防支队中林专职大队增援到场，现场指挥部命令成立两个战斗小组，第一战斗小组在火场西北侧设置移动泡沫炮阵地，扑救起火槽车和地面流淌火，第二战斗小组在火场西北侧相邻位置设置移动水炮阵地，冷却毗邻未燃罐车。

13时08分，石化支队一中队增援到场，现场指挥部命令为油田消防支队东光中队南侧阵地供水。

13时15分，市政府副市长安庆华，公安局常务副局长李达，公安局副局长孙化呈，龙凤区委、区政府以及社会相关部门相继到场，并会同公安消防支队成立现场总指挥部。

13时30分，油田消防支队萨南中队增援到场，现场总指挥部命令出2支19mm直流水枪配合火场南侧油田消防支队东光中队泡沫炮阵地，冷却起火油罐车，并利用测温仪对槽车车体进行不间断温度检测。同时，命令其他增援单位为火场各个阵地不间断供水。

3. 调整部署，发起总攻

13时35分至14时02分，东城中队、新村专职大队、乘风专职大队、兰德中队、公安消防支队特勤大队、红岗中队、油田消防支队特勤大队、让胡路中队、龙南专职大队增援力量相继到场。

13时35分，现场总指挥部根据南侧灭火阵地起火槽车明火已经扑灭的实况，命令油田消防支队东光中队将火场南侧设置的泡沫炮阵地调整为2支19mm直流水枪，对熄灭槽车罐体及毗邻槽车进行冷却。

14时05分，公安消防支队王国臣政委到场。现场总指挥部整合现场作战力量，重新调整作战部署：命令油田消防支队特勤大队利用停于公司场院内东南侧的水罐车出2支19mm直流水枪对南侧过火的三辆槽车进行冷却。利用停于公司场院内南侧的泡沫车出1支PQ8泡沫枪，公安消防支队特勤大队利用油田消防支队水罐车出1支19mm直流水枪，共同对西北侧起火的槽车进行冷却和灭火；命令万宝中队将原水炮阵地调整为利用停于公司院内停车场东侧空地的举高喷射消防车出1支PQ8泡沫枪，扑救西北侧起火槽车；命令公安消防支队中林专职大队将原水炮阵地调整为1支PQ8泡沫枪，扑救西北侧起火槽车及地面流淌火。

14时20分，现场总指挥部根据灭火救援专家组对起火槽车现场实地研判结果，决定采取温度检测、开盖泄压、注水分离的灭火措施，利用油田消防支队特勤大队和公安消防支队中林专职大队力量调整后所设置的1支19mm直流水枪和3支PQ8泡沫枪，共同对起火槽车内部及车下球阀发起总攻。

14时30分，公司停车场院内南侧、西北侧起火槽车明火全部扑灭，车体温度降至安全温度，现场总指挥部命令各战斗小组继续对原战斗段的槽车罐体进行冷却保护、环保部门对公司院内外流淌的油品进行环保检测及排污清理。

16时25分，除光明专职大队、万宝中队、特勤大队的5辆消防车、15名指战员留守外，其他参战力量安全撤离。

（二）国家危险化学品应急救援大庆油田队处置情况

2018年3月5日12时34分，某运输有限公司停车场运输槽罐车发生爆燃事故。大庆油田队接到大庆市应急指挥中心增援指令后，先后调派东光中队、萨南中队、特勤大队25台消防车、93名消防官兵到场救援。同时，支队战备指挥部到场指挥灭火抢险。经过近4h奋战，大火被扑灭，现场20余台大型危化品运输槽车被保护，阻止了灾害升级。

1. 情况不明，险情升级

2018年3月5日12时45分，大庆油田队消防指挥中心接到市应急指挥中心增援指令，先后派出救援车辆从2台增加到10多台。在初期灾害情况不明的情形下，根据零散的警情信息，果断调派邻近的东光中队、萨南中队及特勤大队泡沫编队到场增援。

通过先期到场的东光中队反馈信息，现场为危化品运输槽车停车场，停车场内呈环形停放了30多辆危化品运输槽车，其中有柴油运输槽车、汽油运输槽车、不明轻质油运输槽车和LPG运输槽车。现场北侧已有多台油品运输槽车着火，并且在最初着火槽车发生爆炸后，南侧3台油品运输槽车也发生燃烧，地面形成约1000m³的流淌火。现场未着火的20多台车辆受到火势严重威胁，现场随时都有再次发生槽车爆炸和连续爆炸的危险，险情十万火急。

2.谨慎处置，控制险情

由于爆炸的发生，辖区大庆市公安局消防支队到场灭火力量都撤出阵地，现场火势一度扩大。在侦察未有再次爆炸危险情况下，先期增援到场的油田消防支队东光中队将车辆停在安全区，并采取远距离铺设供水干线、减少前方作战人员的方式，利用移动泡沫炮压制地面流淌火，并适时利用泡沫枪消灭不断蔓延的火势，在压制火势的同时向火场纵深推进灭火，速战速决防止复爆。

在大庆油田队向纵深灭火推进带动下，公安消防力量再次进入阵地，阻截消灭北侧燃烧区火势，并命令消防力量消灭南侧槽车火势。13时24分，油田支队增援力量和战备指挥部陆续到达现场，根据现场情况，下达并实施了阻截消灭火势、冷却临近车辆、控制蔓延的战术措施。

14时05分，南侧3台油槽车明火全部扑灭，灭火阵地换为2支水枪对南侧过火油槽罐车进行冷却。由于罐底油品泄漏，地面产生大量流淌火，停车场北侧火势一直未被扑灭。

14时41分，按现场指挥部命令，大庆油田队调入1台泡沫消防车，出2支泡沫枪协助公安消防力量扑灭西北侧火势。由于槽车罐内为轻质油品，罐底阀门垫被高温熔化，油品一直在边泄漏边燃烧，用泡沫枪无法直接扑灭，现场采取了冷却控制、阻止蔓延的措施。

3.科学决策，确定方案

现场泄漏槽车火势始终无法扑灭。现场总指挥部灭火救援专家组对着火槽车现场实地勘察，提出关阀、倒流和罐内注泡沫的方案。但在实际操作时发现泄漏阀门损坏无法关闭，罐顶人孔垫圈焦化无法正常打开，扑救方案无法实施。根据着火槽车罐体温度测量结果显示着火槽车油罐无爆炸危险，油田支队拟采取"在水枪保护下强力打开人孔罐盖，然后向罐内注入消防水的方式，使注入的水分离油品，阻止罐底油品泄漏，同时消灭地面流淌的泄漏油火"的方案。

在现场专家组还在研究方案的可行性时，油田消防支队特勤大队指挥员通过对罐顶人孔盖的观察研判及测试，将人孔盖利用巧劲打开，扑救方案得到认可和进一步实施。

4.攻坚灭火，成功排险

大庆油田队消防特勤大队和公安消防支队力量调整后，设置1支19mm直流水枪和3支PQ8泡沫枪共同对起火槽车内部及车下泄漏阀门发起总攻。灭火方案的有效性，以实际扑救效果得以验证。

16时15分，公司停车场院内南侧、西北侧起火槽车明火全部扑灭，车体温度降至安全温度，现场总指挥部命令各战斗小组继续对原战斗段的槽车罐体进行冷却保护，环保部门对公司院内外流淌的油品进行了环保检测及排污清理。

经过近4h奋战，大火被扑灭，有效阻止了二次爆炸的发生，避免了事故扩大，挽回经济损失1200余万元。

四、救援启示

（一）经验总结

① 战术措施得当，力量部署正确，为成功灭火夺取主动权。整个灭火过程遵循了堵截包围、逐片消灭的灭火战术原则。第一时间控制蔓延；穿插分割，逐片消灭；集中力量，重点突破的灭火战术，有力地控制了火势的蔓延扩大，确保了整个灭火战斗的胜利。

② 整个火场组织得力，作战命令执行迅速准确。参战人员能够听从命令、服从指挥、协同配合、分工明确，战斗展开迅速，克服火场烟雾大、地形复杂、条件恶劣等不利因素，有效贯彻执行了现场总指挥部的作战意图，保证了火灾扑救工作的顺利进行。

③ 不畏严寒，持续作战，保证了灭火的顺利进行。火灾发生当天刚下过雪，天气寒冷，且火场烟雾极大，能见度低，火焰辐射热强，整个灭火过程持续约4h，参战消防官兵发扬了连续作战、不畏严寒的顽强战斗作风，保证了灭火任务的胜利完成。在灭火过程中，前方消防官兵多数战斗服湿透，但始终身先士卒，坚持在灭火战斗的前沿，保证了各阶段灭火任务的顺利完成。

④ 车辆停放有序，为后续车辆进场提供了保障。火场周边道路虽然狭窄，各参战队伍消防车辆能够在现场指挥人员的指挥下有序进场，按各阵地位置顺序停放，为后续进场的车辆提供了进场通道，确保了后续加水返回车辆的快速到位。

（二）存在问题

① 事故单位无可利用水源，需要到较远的地方加水。

② 先期到场队伍由于没有危化救援经验，轮胎发生爆炸后，队伍撤出前沿阵地，不敢轻易进入阵地近攻灭火，对前期火灾扑救造成影响。

（三）改进建议

① 建议配备远程供水系统和大吨位水罐车，提高队伍缺水地区应急处置能力。

② 加强队员实战化训练，提高队员应对危化救援的实战能力。

2019 年某运输公司危化品运输罐车 "4·23" 泄漏着火爆炸事故

国家危险化学品应急救援中煤榆林队

2019年4月23日15时35分，陕西省榆林市横山区榆横工业园区马扎梁村附近一停车场内停放的罐车发生爆炸，未造成人员伤亡，造成停车场内65辆车及附属的30间彩钢房和房内物品受损，事故直接经济损失746.45万元。

一、基本情况

（一）事故单位概况

① 葫芦岛某运输服务公司，2007年11月16日注册，主要从事道路普通货物运输和危险货物运输。

② 榆林市某汽车运输公司，2011年10月20日注册，主要从事危险货物运输。

③ 陕西某运输公司，2018年2月6日注册，主要从事危险货物运输。

榆林市某汽车运输公司和陕西某运输公司均为张某朝实际投资控股。

（二）事故现场情况

马扎梁停车场位于榆马大道南，总占地面积约29.64亩（1亩＝666.67m²）。停车场分东西两块，东边为榆林市某汽车运输公司和陕西某运输公司共用配套停车场，西边为葫芦岛某运输服务公司临时停车场。

葫芦岛某运输服务公司停车场：2012年3月15日马扎梁村村民孟某荣从村委会租得土地约20亩，租期5年，承诺该土地用来存放建筑材料；2017年孟某荣又与村委会续签合同至2019年3月15日；2017年10月1日，孟某荣将该地块内约14.60亩土地转租给辽宁葫芦岛某运输服务公司作临时停车场，租期1年；到期后孟某荣又与辽宁葫芦岛某运输服务公司口头协议续签6个月至2019年4月1日。

榆林市某汽车运输公司和陕西某运输公司共用停车场：占地约15.06亩，

榆林市某汽车运输公司于2016年1月1日从马扎梁村委会租得，用以作为公司配套停车场；2018年陕西某运输公司注册，又将该停车场作为公司的配套停车场。

（三）事故发生经过

2019年4月23日15时35分，位于榆横工业园区马扎梁村某公司东南方向约800m处的危化品停车场内，葫芦岛某运输服务公司职工叶某、杜某军违规向普通塑料桶内卸放碳五引发火灾，先后引发7次爆炸，最终波及旁边的陕西某运输公司停车场，爆炸共造成65辆车不同程度受损。

二、事故原因及性质

（一）直接原因

葫芦岛某运输公司职工叶某、杜某军违规向普通塑料桶内卸放碳五，因静电或其他明火引发火灾，火势失控后又逃离现场，大火长时间烘烤槽车罐体引发槽罐车燃爆，导致现场7个满罐车罐体和部分空罐车上部撕裂，罐内易燃介质碳四、碳五急速喷出，引发现场喷射火灾，引燃槽车。

（二）间接原因

① 事故企业内部管理不科学、不严格，安全管理机构和制度不健全，员工安全意识差；异地建设停车场而未报备，造成安全监管完全失控。

② 地方政府与工业园区管委会在属地管理、土地权属、综合执法等方面存在争议，相关部门安全监管工作推诿扯皮，安全执法出现漏洞。

（三）事故性质

经调查组认定，这是一起一般生产安全责任事故。

三、应急救援情况

（一）救援总体情况

事发后，地方政府领导立即带领应急、消防、公安、医疗、电力等部门赶赴现场指挥救援工作，成立了由当地市政府市长任总指挥的现场指挥部，同时调集靖边、上郡、红山路3个中队，4个企业专职消防队，23辆消防车、4辆消防机器人、118人到场处置。

现场指挥部下设现场疏散调查、灭火救援、技术指导、医疗保障、舆情发布、事故调查等六个组，立即组织开展救援工作，并通过视频指挥系统向应急管理部主要领导报告有关情况。

16时30分左右，启动应急预案，进行交通管制和警戒，对事故范围2公里内人员全部疏散。同时，采取现场监护稳定燃烧方案处置。

19时50分，现场指挥部根据省领导批示精神，再次召开研判分析会议，细化优化方案，继续开展救援工作。

4月24日0时，省应急厅、公安厅、消防总队带领相关专家到达现场指导救援，研究同意继续采取现场监护稳定燃烧方案处置。

4月24至25日，市委、市政府分别召开会议，研判"4·23"危化品运输车辆爆燃事故处置情况，并就全市危化品领域安全管控工作进行安排部署。

4月25日，现场指挥部根据专家意见，将事故由应急救援阶段转入工艺处置阶段，将警戒范围由原来的2km缩减为500m，引导群众及时返家。加强警戒区管制，着手准备事故现场残留物清理。

4月30日10时，现场指挥部决定对现场残留的两处火点，采用泡沫覆盖方式进行灭火；在专家指导下，10时30分，消防救援队将现场明火全部扑灭；11时，堵漏人员对1处罐体漏点进行缠绕注胶堵漏，灭火救援工作结束。同时，安排相关单位对现场进行安全监护和采样分析检测。

4月30日15时，指挥部召开会议，根据现场检测情况和专家意见，宣布关闭预案，启动现场废弃物处置工作，针对事故现场残留废弃罐体聘请有资质的专业公司进行科学安全环保处置，做到一罐一检测、一罐一方案、一罐一处置；依法依规做好群众财产损失的核损、补偿等善后处理；启动事故调查工作，发布处置结束的应急救援信息。

本次车辆爆燃事故未造成人员伤亡和环境污染，救援过程中未发生次生事故。

（二）国家危险化学品应急救援中煤榆林队处置情况

2019年4月23日15点35分左右，国家危险化学品应急救援中煤榆林队发现火情后，立即赶到现场组织侦察，经现场指挥员研判，随即封闭现场周边道路，疏散300m范围内所有人员并拉好警戒线，禁止任何车辆进入；在向榆林市消防救援支队和周边企业消防队伍求援的同时，继续使用无人机、天眼车对事故区域进行侦察。同时，现场指战员劝导与帮助疏散危险区域内群众200余人，有效避免了之后数十次爆炸可能造成的人员伤亡。

1. 前期快速侦察，科学判断火情

4月23日15时35分左右，中煤榆林队执勤人员发现所属企业厂区东南方向约2km处冒黑烟，15时42分左右，该中队到达事故地点。与此同时，大队领导、战训参谋组成侦察小组，到停车场门口侦查火灾情况，与知情人了解，现场无人员被困。经侦察发现，停车场内停放着大量的危化品槽车，1辆槽车底部有大量的气体泄漏着火，着火介质为碳五，火焰将整个槽车以及周边紧挨着的槽车包围，火势越来越大，伴有轮胎爆胎声，罐车顶部火焰呈立体喷射状。队伍指挥员一致判断认为，槽车随时都有爆炸的危险，立即下令全体人员向东撤退约300m。

2. 及时封锁道路警戒，快速疏散周边群众

针对现场随时爆炸的情况，中煤榆林队迅速组织警戒和疏散周围群众，封锁双向通道，禁止任何车辆进入，命令疏散组对警戒区内的居民，由东向西上风向疏散人群；同时调集队伍全部车辆出动；一面向榆林市消防救援支队请求增援，一面命令值班室通知周边企业消防队增援。出动力量，将沿途群众，及一所幼儿园内40多名小孩、5名教师疏散到马扎梁金山寺院内；及时将距离着火点北侧200米处大量围观群众和40多间两层民房内的150余名群众疏散至安全地带。同时，中煤榆林队沿马路边铺设约80盘水带，将近1.2km的水带干线，利用消防车耦合供水，并组织两台灭火机器人向前冷却推进。

3. 实时监测现场火情，随时做好灭火准备

中煤榆林队在疏散过程中，现场发生第一次爆燃，指挥员果断发出全员撤离信号，出动力量向后撤退200m左右。

15时45分左右，出动力量到达事故点西侧警戒线附近。中煤榆林队领导带领2名侦检人员依托着火点西北侧沙丘对着火的停车场进行高点观察，现场突然浓烟滚滚，火焰变大，有爆炸征兆，遂立即命令全体人员撤离，再次向后撤退300m至安全地带，并向所属企业生产指挥中心报告，建议相关部门立即将临建公寓所有人员疏散撤离。中煤榆林队要求所有参战人员以消防车为掩体，做好自我保护，并不定时利用无人机航拍对现场进行侦察。

24日3时10分左右，根据现场指挥部要求，中煤榆林队所有现场人员车辆返回营区待命。

4. 提出关键处置方案建议，协助检测侦察余火

面对持续燃烧的大火，中煤榆林队向现场指挥部提出"保持稳定燃烧、不贸然扑灭"处置措施建议，现场救援人员待命监护。队伍每天组织侦检人员携带气体检测仪等相关设备，先后协助现场指挥部侦察火情20余次，测量罐体液位、温度、除霜和采样分析，化验员加班加点对样品进行色谱分析，为现场指

挥部提供辅助决策和技术支持。经过7天的安全监护，于4月30日，队伍协助工作人员对现场泄漏的槽车进行封堵，并协助榆林市消防救援支队完成对残余着火点的扑灭。

四、救援启示

（一）经验总结

① 迅速出警侦察，准确判断火情。中煤榆林队门岗执勤人员警惕性高，发现厂区东南方向冒烟后，立即向值班中队长汇报。大队指挥员到达现场后，及时组织开展火情侦察，发现险情后及时撤退到安全区域，利用无人机侦察、环境实时监测，侦察行动贯穿灾害救援始终。

② 全力疏散群众，避免人员伤亡。面对随时可能发生的爆炸危险，中煤榆林队第一出动人员全力疏散事故点周边群众和人员，特别是疏散了周边的一所幼儿园内全部小孩和教师，对犹豫不决、看热闹的群众强行劝离疏散，帮扶行动不便的老人到安全区域，双向封锁道路，有效避免了人员伤亡和财产损失。

③ 指挥科学得当，及时有序撤退。面对随时可能发生的爆炸危险，中煤榆林队现场指挥员通过人员侦察和无人机航拍观察，组织3次撤退；基于日常训练养成的出警习惯、严明纪律和战术素养，所有人员出警后个人防护齐全，听从统一指挥、迅速有序撤退，保证了全部出警人员自身安全。

④ 侦察采样分析，提供技术支持。现场燃烧稳定后，中煤榆林队每天定期携带气体检测仪等相关设备，协助现场指挥部到现场进行多次火情侦察，测量罐体液位以及除霜等工作，并联合分析检测中心到现场进行采样分析，为现场指挥部提供辅助决策和技术支持。

（二）存在问题

① 灾情信息不对称增加了处置难度，发生事故时，当事人违章操作，发生火灾时处理不当，而且不及时报警，自行逃跑，逃避责任，导致事故扩大。

② 参战队员处理危化品罐车灾害事故经验不足，心理压力大。

③ 特殊灾害灭火救援装备器材配备急需改善，缺少罐体侦测设备。

④ 事故发生在榆横工业区榆马大道旁边，周边500m内无任何水源，现场作战供水保障困难。

（三）改进建议

① 聚焦提升协同作战能力，积极融入地方应急救援能力建设，主动协调参

与国家层面、地方政府、依托单位以及其他救援力量组织的联动联演联训机制，在信息共享、协同联动中提升综合应急处置能力。

② 坚持实战导向编制训练计划，通过实操实训"集中学"、网络在线"远程学"、研讨交流"相互学"等多种途径和方式，持续强化业务培训和实训演练，不断提升应急救援人员能力水平。

③ 坚持问题和需求导向，推动更新通用救援装备、配足后勤保障装备，适度增配数字化、智能化、无人化等新质救援装备。

2023 年天津秦滨高速 LNG 罐车 "8·3" 起火事故
国家危险化学品应急救援天津石化队

2023 年 8 月 3 日 12 时，秦滨高速滨海新区路段往黄骅方向 262km 处 LNG 罐车发生交通事故，现场发生泄漏并起火，未造成人员伤亡。

一、基本情况

事故现场位于秦滨高速滨海新区路段往黄骅方向 262km 处，穿南港工业区路段，津石高速与秦滨高速高架立交黄骅方向末端，西侧距中国石化集团天津石化原油储运部天津商储库围墙 200m，距储罐区 250m，该储罐区有 32 个 10 万 m³ 原油储罐，东侧为空地。

事发地处于秦滨高速，封闭路段，两侧排水沟不具备取水条件。最近的人工水源分别为津石公路南港收费站和秦滨南港收费站办公区消火栓；现场南侧 3km 处南港工业区有独流减河分支，北侧 2.5km 处高速路桥下为南港工业区景观河，两处天然水源，水量充足。

二、事故原因及性质

（一）直接原因

一辆载有 20.92t 液化天然气的罐车，从天津中国海油接收站装货送至山东龙口，途经秦滨高速滨海新区路段往黄骅方向 262km 处，被一辆满载玉米粒的半挂车追尾，造成 LNG 罐车尾部操作舱管线泄漏，车辆碰撞交错造成金属摩擦静电，进而引发泄漏燃烧。

（二）间接原因

载玉米粒半挂车驾驶员疲劳驾驶，导致发生车辆追尾事故。

（三）事故性质

这是一起典型的道路交通事故。

三、应急救援情况

（一）救援现场与救援力量出动情况

1. 交通道路拥堵，不利于通行与疏散

事故发生在秦滨高速南港工业区路段，距离上行津石高速与互通立交高速口3km、下行南港工业区收费站1.20km，追尾事故发生后造成罐车起火，致使顺行车道通行受阻。第一力量到场时，社会车辆拥堵已达2km，最近的社会车辆距事故现场50m，有个别车辆在不断穿行，拥堵程度持续增加，致使后方增援车辆到场以及社会车辆疏散等工作难度增大。

2. 作业面狭窄，情况不明不利于处置

LNG运输罐车被后方半挂车追尾，造成尾部操作设施严重变形，泄漏燃烧，半挂车车头卡停在罐车车尾，不利于观察泄漏起火点位情况，同时也不利于灭火、封堵处置等技术动作展开。

3. 敏感地段，易造成灾害扩散

事故地点西侧毗邻天津商储库储罐区，共有32个10万m^3原油储罐，堵塞车辆多为危化品运输车辆，事故车辆装载20.92t液化天然气，如果处置不当，相当于近100t三硝基甲苯（TNT）爆炸产生的能量，后果不堪设想。

4. 现场取水困难，不利于先期处置

高速路旁排水沟为雨水残留，基本不具备取水条件，就近可利用人工消防水源为收费站办公区消火栓，就近天然水源为南侧3km处南港工业区独流减河分支、北侧2.5km处津石高速桥下景观河两处天然水源，现场消防车吸水取水极其困难。

此次事故处置，出动了天津石化队、天津消防救援总队大港特勤支队、南港大队和大港油田消防支队的23个消防救援站、2个战勤保障单位，调集4套具有远程供水系统的67辆消防车参与灭火战斗；同时，地方政府协调公安、交通、120急救中心、港琪救援队、南港管委会等相关联动单位到场协同处置。

（二）国家危险化学品应急救援天津石化队处置情况

1. 先期侦察，请求增援

8月3日12时34分，天津市应急局指挥中心第一时间调派距离最近的天津石化队南港一大队南港商储消防站到场处置。12时51分，南港商储消防站到场后成立火场指挥部并进行侦察，发现LNG罐车尾部操作箱管线泄漏起火，现场无人员被困。指挥员在距事故车200m处展开作战行动,迅速在事故车辆北侧出两门移动炮分别对罐车操作箱和后车车头进行冷却灭火,同时利用浮艇泵在道路一侧排水渠吸水取水;同时,向天津石化队119指挥中心报告请求增援。

2. 增援到场,冷却控火

13时15分,天津石化队南港一大队聚碳消防站三辆增援车辆及灭火机器人到场,在事故车车头南侧架设一门移动炮,对罐体前部进行冷却保护,与同时到场的消防救援轻纺城消防站灭火机器人组成夹击之势。现场为消防车辆供水。

13时38分,天津消防救援总队南港大队调派3辆供水作战车到场增援,为火场南侧战斗车供水。

14时26分,天津消防救援总队现场总指挥部成立,组织成立侦检组,利用测温仪、热成像仪等器材实时检测罐体温度,定时上报实时数据;后续天津消防救援总队南港大队港达路消防站远程供水、石化小区消防站两套远程供水到场,在现场南北两个方向,就近寻找可利用水源架设远程供水干线。天津石化队协助铺设远程供水水带。

3. 切封灭火,泡沫覆盖

16时,总指挥部对到场力量进行调整部署:要求增设机器人及举高喷射消防车持续压制火势冷却罐体,采取水流切封灭火的方式开展强攻。

在北侧两台灭火机器人直击着火点,由远程供水为主,不间断运水为补充。在南侧由天津石化队和港云路消防站分别部署一台灭火机器人交替出水冷却罐体,一辆举高喷射消防车覆盖灭火,两套远程供水,形成了全覆盖、立体式灭火冷却攻势。

天津石化队铺设双干线800m水带为移动灭火机器人供水,中间采用消防车增压接力供水,保障前方出水压力达到灭火要求;南港一大队聚碳消防站的举高喷射消防车冷却罐体。

举高喷射消防车及灭火机器人针对泄漏起火部位实施水流切封战术后,未能达到灭火效果。总指挥部随即决定实施全泡沫覆盖灭火方式。在使用灭火机器人和举高喷射消防车进行全泡沫覆盖灭火战术后,火势变小,但无法有效直击火点。

4. 机械破拆,直击火点

8月3日22时,现场总指挥部命令:采取有效方式分离后方追尾车辆,调派增援力量进行全道路照明和力量替换,调派加油车到场补充作战车油料,为总攻做准备。

LNG罐车和半挂车轮胎被火焰烧化，导致罐车尾部压住半挂车车头无法进行有效拖拽，遂利用挖掘机对半挂车进行强制破拆，强制分离半挂车车身与车头。两车分离成功后，液相管断裂、液态泄漏，出现数十次冷爆现象，现场指挥部调集干粉车和地方物料车到场，做好应对准备。

5. 集中兵力，总攻灭火

8月4日7时10分，现场指挥部调整灭火机器人作战位置，6台机器人对罐体形成合围，在反向车道更换大流量举高喷射消防车对上方火势进行压制，调整接力供水车辆，在后方3套远程供水系统保障下，对整个罐体进行持续全方位出水冷却。

7时55分，明火被扑灭。

6. 稀释监护，保证安全

明火被扑灭后，天津石化队南港一大队机器人阵地持续对罐车进行冷却，并派出侦检小组检测现场泄漏物质浓度，实时监测罐体温度。

9时30分，经专家组现场研判，LNG罐车不再具备复燃条件，专业救援力量进场，利用液氮置换方式，对罐体内残液进行置换吹扫。

11时03分，罐车已无危险性。现场事故车辆移交应急部门，各参战力量有序归建。

四、救援启示

（一）经验总结

① 各级指挥员靠前指挥，全体参战人员英勇奋战、不惧危险，顶酷暑战烈日、克服困难完成任务。

② 多方力量协同机制建立，天津石化队与国家消防救援队伍有序配合、协同作战，为事故现场的妥善处置提供了充分保障。

（二）存在问题

① 先期处置力量应对复杂灾情的能力仍需加强。先期消防站到场之后，在远程供水线路铺设完成前，供水情况捉襟见肘，初期无法保证事故现场的供水需求；高速路段路况复杂，各单位无法快速到达现场，组织救援效率不高。

② 指战员在高温闷热环境下的实战能力有待加强。夏季执行灭火救援任务，长时间、高强度的作战任务，部分人员出现中暑情况。此类现象直接暴露出指战员在高热环境下的适应能力以及在高温闷热环境下的实战能力有待加强。

③ 现场通信保障有待进一步加强。由于现场参战单位较多，对讲机配备数量不足，多次出现呼叫无人应答等情况；通信器材未携带备用电池和充电设施。

④ 现场影像资料收集有待进一步加强。由于现场处置情况复杂，此次火灾扑救影像资料画面收集不完整，缺少现场冷却稀释、强制分离等一线战斗行动方面的影像资料。

⑤ 火场秩序有待进一步加强。初战力量在作战初期，基本能够做到规范火场秩序，车靠一侧停、带靠一侧铺。但随着作战行动的深入，作战力量的调整和水炮阵地的转移，供水干线保障过程中仍造成水带铺设混乱，一定程度上影响后续救援效率。

（三）改进建议

① 加强战例复盘研讨，推动改进提升。坚持"在案例中学习案例"，分析在灭火救援过程中存在的问题和不足，补齐短板，不断完善作战行动预案，实现"打一仗、进一步"。

② 提升专业能力及实战质效。深入辖区重点危化品企业，充分发挥驻厂轮训和专家授课的培训机制，扎实开展实战演练，针对危化品罐车泄漏火灾事故，加强对冷却灭火、关阀堵漏、输转倒罐、火场供水、灭火药剂供给等技战术的研究与训练，进一步提升专业救援能力。

③ 完善作战编成。持续研究改进作战力量编成，特别是天津石化队119指挥中心要始终保持警情全程跟踪研判，调集增援力量同时需调派相应保供力量，形成有序作战梯队。

2023 年江苏 S327 省道 LNG 槽罐车 "9·10" 泄漏事故
国家危险化学品应急救援连云港队

2023 年 9 月 10 日，江苏省 327 省道往石湖方向 95km 处发生一起液化天然气槽罐车侧翻泄漏事故，事故车辆实载 20t 液化天然气，现场 1 人受伤，无人员被困。

一、基本情况

事故槽罐车属于江苏某物流公司，该公司所属行业为道路运输业，经营范围包括：道路货物运输（不含危险货物），道路危险货物运输（2 类 1 项，2 类 2 项，3 类，8 类，9 类，剧毒化学品除外），运输货物打包服务，国内货物运输代理，小微型客车租赁经营服务，太阳能发电技术服务，厨具卫具及日用杂品零售，非电力家用器具销售，运输设备租赁服务。

事故地点位于 327 省道往石湖方向 95km 处，道路两侧上方有高压线，距离附近村庄仅有 300m 左右，在侧翻车辆往北 160m 处为一粮食烘干厂房。

国家危险化学品应急救援连云港队到达现场，发现一辆实载 20t 液化天然气槽车侧翻并发生泄漏，车上司机 1 人、押运员 1 人，其中 1 人受伤；车头侧翻在北侧车道，液化天然气罐体侧翻在南侧车道，罐体前部接地位置发生泄漏，罐体后方阀门箱严重变形。

二、事故原因及性质

（一）事故原因

驾驶员操作不当导致车辆侧翻，致使罐体前侧压力表位置铜管发生泄漏。

（二）事故性质

该起事故是一起由交通事故导致的危险化学品道路运输泄漏事故。

三、应急救援情况

（一）救援总体情况

2023年9月10日8时47分，国家危险化学品应急救援连云港队应急指挥中心接省应急厅命令出动。11时10分，队伍到达现场，配合消防、公安、宣传、环境、气象、卫健、属地政府、专业社会力量和行业专家进行现场处置。9月11日12时30分，堵漏作业完成，事故槽罐车扶正后转移，进行安全排空。

鉴于事故现场距离周边村庄较近且泄漏物质LNG有发生火灾爆炸的危险，当地应急局、消防、公安、宣传、环境、气象、卫健、属地政府、专业社会力量和行业专家成立应急处置现场指挥部，进行现场应急救援指挥。当地应急局为救援人员提供饮食、住宿等生活保障；消防完成供水系统连接、水枪阵地设置以及水幕水带铺设，同时提供通信、油料、照明等现场救援保障；公安部门封闭事故路段，疏散安置事故现场周边群众；企业技术人员为救援提供专业技术支持；连云港队负责现场堵漏作业。

在现场指挥部的统一指挥下，充分调动各方资源，依托专家及专业救援队伍成功完成现场处置与险情排除工作，未发生次生事故。

（二）国家危险化学品应急救援连云港队处置情况

2023年9月10日8时47分，连云港队应急指挥中心接省应急厅命令后，全勤指挥部立即调集3辆消防车（通信指挥车、PM180泡沫消防车、模块消防车）、19名指战员，于9时出发赶赴现场。

1. 快速响应、灾情侦检、商讨方案

9月10日8时47分，队伍依令迅速调集力量赶赴现场。

11时10分，队伍到达现场后，指挥员第一时间前往现场指挥部报到，进行处置方案会商定处置流程。依托通信指挥车建立现场指挥部，连接省应急厅并出动无人机拍摄现场画面，了解现场情况。通过无人机传回现场指挥部的画面，了解到槽罐车前部接地处泄漏，有白烟喷出；车尾部放空阀已打开，呈白烟柱状向外喷射。现场消防救援队伍已经完成供水系统连接、水枪阵地设置以及水幕水带铺设，准备掩护进攻。

13时25分，专家、连云港队指挥人员、当地消防救援支队副支队长及当地燃气公司技术人员组成侦察组进入现场侦察，发现罐体前侧压力表导管损坏，发生泄漏。由于罐体侧翻，暂时无法查明泄漏点缺口大小以及罐体着地面有无破损泄漏，后侧阀门箱变形无法正常打开。

14时10分，经过现场指挥部商讨研究，决定采用排放减压措施，从后侧阀门箱中液相阀接导流管，排至南侧用土方封堵的水沟中，加快液体排空，释放压力，为后期处置创造条件。

2. 液相导流、加强警戒、安全泄压

14时30分，连云港队处置人员、消防与地方危化品公司技术员穿戴防护装备进入现场进行处置。拆除后侧变形阀门箱，因液相阀门变形无法接通导流管；后连接增压阀，打开增压阀门进行导流失败，经检查增压阀因撞击导致变形无法打开。

根据现场勘察，液化天然气槽车处于较为安全的释放状态且槽车内气体压力正不断减小。按照现场指挥部的决定，当夜对槽车进行监护，加强警戒，待槽车内压力稳定再进行堵漏作业。

3. 冰封堵漏、配合监护、平安归队

9月11日8时，经无人机侦察现场情况稳定，现场指挥部与专家商定处置方案，决定采取"罐体堵漏、吊升扶正、转移放空、清除残留"的处置措施。

10时10分，现场检测槽车压力稳定，进行稀释保护，吊车进入事故现场进行作业，堵漏人员到达前沿阵地整理器材，等待吊车将罐体前部吊起。

11时左右，在连云港队配合监护下堵漏完毕。

13时10分，连云港队完成全部应急救援工作，整队撤离。

16时左右，车辆人员归队，恢复战备状态。

四、救援启示

（一）经验总结

① 反应迅速。接到预警信息后，队伍迅速联系省厅了解事故情况，有针对性地调集人员、车辆、装备集结待命。接到命令迅速出动，并及时将出动情况报告国家安全生产应急救援中心、新区管委会与应急局。

② 统一指挥。队伍到达现场后，第一时间到现场指挥部报到，现场询情、领受救援任务，第一时间与省厅建立视频连线，汇报现场处置情况，整个救援始终在现场指挥部统一领导下有序进行。

③ 科学处置。救援阶段始终坚持领导、专家、队伍及专业技术人员共同会商拟订方案，坚持全过程管控、检测，坚持有序进场监护作业，为事故成功处置奠定基础。

④ 协同作战。在现场指挥部统一领导下，与参战的各支队伍、单位分工协作，相互配合、协同处置。

（二）存在问题

① 跨区域应急准备不够充分，未携带手持电台充电器，手持电台长时间使用时电量不足，跨区域保障能力还有待提升。

② 当天战备专业堵漏人员实战经验比较缺乏。

③ 大局和协同意识还不强，无人机抵近侦察，未提前与现场指挥部联系。

（三）改进建议

① 加强队伍救援专业能力建设，尤其是危化救援、堵漏作业、破拆搜救及海上救援，确定救援项目牵头人，加强实战演练、专业训练，打造一支专业化高技能救援队伍。

② 加强跨区域救援装备建设，尽快配备卫星通信设备，常备车载充电设备及加油桶。

③ 加强作战训练安全教育，强化按规程操作、按流程处置的意识和能力。

2024 年江苏 S242 省道柴油罐车"7·14"泄漏事故
国家危险化学品应急救援连云港队

2024 年 7 月 14 日 3 时 21 分，江苏省连云港市连云区 S242 省道南庄路段发生一起柴油槽罐车追尾泄漏事故，现场 1 人受伤，无人员被困。

一、基本情况

事故发生地点位于江苏省 S242 省道南庄路段。国家危险化学品应急救援连云港队于 2024 年 7 月 14 日 3 时 46 分到达现场，经现场了解，S242 省道南庄路段一辆实载有 33.2t 柴油的柴油槽罐车追尾半挂车，发生泄漏事故，柴油槽罐车车头严重受损，罐体右前侧变形发生泄漏，地面上有柴油泄漏物。

二、事故原因及性质

（一）事故原因

事故发生的原因是柴油槽罐车驾驶员操作不当，导致车辆追尾前方半挂车，致使罐体右前侧变形发生泄漏。

（二）事故性质

该起事故是一起由交通事故导致的危险化学品道路运输泄漏事故。

三、应急救援情况

（一）救援总体情况

2024 年 7 月 14 日 3 时 46 分，连云港队到达现场，配合应急局、交警、建设局进行现场处理。7 月 15 日 7 时 50 分，现场处置完成。

现场车流较大，且夜间视线较差，堵漏输转难度高，处置风险大。当地应急局、交警、建设局、连云港队成立应急处置现场指挥部，进行现场应急救援指挥。交警对事故现场道路进行管制；应急局协调调派槽罐车配合进行输转作业；建设局对接市交通运输局对事故现场进行处理；连云港队负责现场堵漏输转作业。

事故处置过程中在现场指挥部的统一指挥下，充分调动各方资源，成功完成现场处置，排除险情，未发生次生事故。

（二）国家危险化学品应急救援连云港队处置情况

2024年7月14日3时21分，连云港队指挥中心接到报警后，立即调集6辆消防车、21名指战员赶赴现场处置。

1. 快速响应、灾情侦检

出动途中，连云港队根据所掌握的现场情况，迅速做出人员作战预部署，安排好警戒、侦检、掩护与堵漏人员分工，并命令人员根据现场情况随时进行变动分组，做好堵漏、输转作业的准备工作。

3时46分，连云港队第一时间出动3车、8人达到现场，当天省道同车道行驶车辆较多，且夜间视线较差，现场指挥员立刻安排两名人员进行外围警戒，并命令照明车在安全区域，对事故现场实施照明作业，为救援工作创造有利条件。随后侦检组穿戴轻型防化服进入事故现场侦检。经侦检，事故现场为柴油槽罐车追尾半挂车，致使槽罐车车头严重受损，罐体右前侧变形裂口发生泄漏，地面上有柴油泄漏物。

4时16分，后续增援力量3车、13人到达现场。

2. 加强警戒、实施堵漏

4时20分，根据侦检情况，迅速下达作战指令：堵漏组穿着轻型防化服进入现场进行堵漏作业，PM180泡沫消防车出2支泡沫管枪对现场地面流出的积水状柴油进行泡沫层覆盖，消灭危险源，确保堵漏工作顺利进行，同时通知交警协调备用罐车准备进行倒罐作业。堵漏组根据泄漏情况，采取木制堵漏楔与堵漏泥结合的方式进行堵漏。

4时30分，堵漏成功。由于车辆受损严重，无法正常行驶，且地面泄漏物较多，决定采取输转作业。

3. 现场监护、输转倒罐

备用槽罐车到达现场后，使用自吸式防爆输转泵对柴油进行输转，PM180泡沫消防车对倒罐现场进行持续监护。现场指挥员指挥输转组穿着轻型防化服进入现场进行输转作业。

输转完成后，对现场泄漏的少量柴油进行清理收集，经检测未发现污染，通知环保部门进行后续处理。

7时50分，连云港队完成救援任务，收整装备物资。

四、救援启示

（一）经验总结

① 反应迅速。接到警情信息后，迅速集结队伍、有针对性地调集人员和车辆，出动迅速。

② 指挥有力。队伍到达现场后，及时与现场指挥部建立联系，保证了应急处置期间通信畅通。现场指挥员能迅速分析现场情况，合理分配人员，整个过程迅速、专业。

③ 科学处置。严格按照事故处置流程进行作业，根据事故现场情况，科学分析，合理分配任务。

④ 协同作战。与交警、环保等部门协同配合，顺利完成应急救援任务。

（二）存在问题

① 个人防护装备、堵漏耗材备用较少，事故处置中发生损耗，物资补充不及时。

② 夜间处置，队伍的持续性作战后勤保障能力不足。

（三）改进建议

① 持续加强队伍救援专业能力建设，尤其是堵漏、输转等专业训练。

② 加大个人防护装备、堵漏耗材物资数量的配备，提升队伍后勤保障能力。

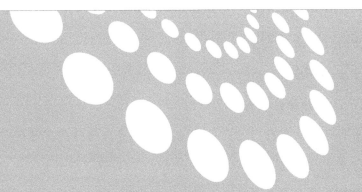

其他事故

2010 年某储运公司原油罐区输油管道 "7·16" 爆炸燃烧事故

国家危险化学品应急救援抚顺石化队

2010 年 7 月 16 日 18 时，某储运公司原油罐区输油管道发生爆炸，造成原油大量泄漏并引起火灾。导致部分原油、管道和设备烧损，另有部分泄漏原油流入附近海域造成污染。事故造成 1 名作业人员轻伤、1 人失踪；在灭火过程中，1 名消防战士牺牲、1 人受重伤。事故造成的直接财产损失为 2.233019 亿元。

一、基本情况

（一）事故单位概况

某储运公司成立于 2005 年 9 月，原油罐区内建有 20 个储罐，库存能力 185 万 m³；周边还有其他单位大量原油罐区、成品油罐区和液体化工产品罐区，储存原油、成品油、苯、甲苯等危险化学品。

（二）事故发生经过

2010 年 5 月 26 日，某燃料油股份有限公司与某联合石油有限责任公司（与某国际事业有限公司合署办公）签订了事故涉及原油的代理采购确认单。在原油运抵大连港一周前，某燃料油股份有限公司得知此批原油硫化氢含量高，需要进行脱硫化氢处理，于 7 月 8 日与天津某石化技术有限公司（以下简称天津某技术公司）签订协议，约定由天津某技术公司提供 "脱硫化氢剂"，由上海某商品检验技术服务有限公司（以下简称上海某检验公司）大连分公司负责加注作业。7 月 9 日，某联合石油有限责任公司原油部向某储运公司下达原油入库通知，注明硫化氢脱除作业由天津某技术公司协调。7 月 11 日至 14 日，上海某检验公司大连分公司和某储运公司的工作人员共同选定原油罐防火堤外 2 号输油管道上的放空阀作为 "脱硫化氢剂" 的临时加注点。

7 月 15 日 15 时 30 分左右，外籍油轮开始向某储运公司原油罐区卸油，卸油作业由两条输油管道同时进行。7月15日15时45分，油轮开始向原油库卸油。

20时左右，上海某检验公司大连分公司和天津某技术公司作业人员开始通过原油罐区内一条输油管道（内径0.90m）上的排空阀，向输油管道中注入"脱硫化氢剂"，天津某技术公司人员负责现场指导。7月16日13时左右，油轮暂停卸油作业，但注入脱硫剂的作业没有停止。上海某检验公司大连分公司和天津某技术公司现场人员在得知油轮停止卸油的情况下，继续将剩余的约22.6t"脱硫化氢剂"加入管道。18时左右，在注入了88m³脱硫剂后，现场作业人员加水对脱硫剂管路和泵进行冲洗。18时08分左右，靠近脱硫剂注入部位的输油管道突然发生爆炸，引发火灾，造成部分输油管道、附近储罐阀门、输油泵房、电力系统损坏和大量原油泄漏。事故导致储罐阀门无法及时关闭，火灾不断扩大。原油顺地下管沟流淌，形成地面流淌火，火势蔓延。事故造成103号罐和周边泵房及港区主要输油管道严重损坏，部分原油流入附近海域。

二、事故原因及性质

（一）直接原因

某国际事业有限公司（某联合石油有限责任公司）下属的大连某储运公司同意某燃料油股份有限公司委托上海某检验公司大连分公司使用天津某技术公司生产的含有强氧化剂过氧化氢的"脱硫化氢剂"，违规在原油库输油管道上进行加注"脱硫化氢剂"作业，并在油轮停止卸油的情况下继续加注，造成"脱硫化氢剂"在输油管道内局部富集，发生强氧化反应，导致输油管道发生爆炸，引发火灾和原油泄漏。

（二）间接原因

① 上海某检验公司大连分公司违规承揽加剂业务。

② 天津某技术公司违法生产"脱硫化氢剂"，并隐瞒其危险特性。

③ 某国际事业有限公司（某联合石油有限责任公司）及其下属公司安全生产管理制度不健全，未认真执行承包商施工作业安全审核制度。

④ 某燃料油股份有限公司未经安全审核就签订原油硫化氢脱除处理服务协议。

⑤ 某储运公司未提出硫化氢脱除作业存在安全隐患的意见。

⑥ 某集团公司对下属企业的安全生产工作监督检查不到位。

⑦ 某市安全监管局对某储运公司的安全生产工作监管检查不到位。

（三）事故性质

该事故是一起特别重大责任事故。

三、应急救援情况

（一）救援总体情况

事故发生后，党中央、国务院高度重视，中央领导立即作出重要指示。国务院领导连夜率国务院有关部门负责同志紧急赶赴事故现场，指挥指导事故灭火救援工作，要求尽快查明事故原因，依法依规追究事故责任，并举一反三，全面加强安全生产工作；安全监管总局、公安部要将此事故迅速通报全国，责令各地区、各部门和单位吸取教训，进一步加强危险化学品生产、运输、储存、销售等环节的安全管理，特别是对危险化学品集中的工业园区，要采取有力措施，确保安全。省市政府在公安部等有关部门的指导下，立即启动应急预案，有关负责同志靠前指挥，先后调集 3000 余名消防救援人员、348 辆各类消防车辆、17 艘海上消防船只参与扑救。采取"灭、堵、防"的科学扑救方法，千方百计控制火势，采取多种措施保护附近的液体化工产品罐区，想方设法切断泄漏源。经过全体参战人员的顽强扑救，17 日 9 时 45 分，事故现场明火基本被扑灭，救援工作取得决定性胜利。

（二）国家危险化学品应急救援抚顺石化队处置情况

2010 年 7 月 16 日 20 时 15 分，抚顺石化队接到增援命令后，立即启动增援预案，通知各直属大队做好增援力量的准备。20 时 50 分接到集结命令，抚顺石化队支队长亲自指挥调集力量，派副支队长负责此次增援任务，副支队长迅速调集一大队 2 辆奔驰泡沫消防车，三大队 2 辆奔驰泡沫消防车，三大队鲅鱼圈中队 1 辆 16m 举高喷射泡沫消防车、1 辆斯太尔泡沫消防车，支队 1 辆小型指挥车，共计指战员 28 人。车载水 36t、车载泡沫液 36t 赶赴指定地点于 21 时 26 分集结完成。23 时 10 分接到出动命令，抚顺石化队赶赴事故现场进行增援（18 日又派出 1 辆后勤支援车辆带 5 人奔赴现场，于当天下午赶到火场做好后勤保障工作）。

1. 快速响应，火情侦察诊断

17 日 05 时 30 分，抚顺石化队到达现场，向现场指挥部请战，接到命令负责保护一期南海罐区。经侦察发现，罐区情况复杂，罐区南侧电缆沟内全部被流淌火覆盖，罐区西南侧的高架输油管线断裂，伴有火光冲天、浓烟滚滚，无法靠近37号、42号罐。罐区西侧3200m²的输油管线全部被流淌火覆盖，一旦42号罐、37号罐被引燃，将严重威胁着北侧20m处的苯罐群。针对这种情况，抚顺石化队接到命令后，立刻按照部署任务，负责火场运水和接力供水，迅速组织三条供水干线为特勤中队、开发区中队、河北中队供水，经过2h扑救，高架输油管线火灾被成功扑灭。之后，根据命令，抚顺石化队接替新抚中队参加南海罐区一期42号罐、37号罐西侧的输油管线流淌火的扑救供水任务。经侦察，42号、37号罐为10万m³原油罐，罐区西侧的输油管线面积3200m²，原油不断地从断裂的管线喷出，形成5m高的火柱，流淌火距42号、37号罐不足20m，一期罐区的北侧20m处是苯罐群，如果流淌火不能控制，引燃37号、42号原油罐，苯罐将不保，后果将不堪设想。抚顺石化队迅速组织人员铺设供水干线为前方消防车持续供水，经过救援人员的2.5h的浴血奋战，南海罐区一期西侧的输油管线流淌火被成功扑灭。

2. 加强警戒，实施扑救阶段

在成功扑灭高架输油管线断裂带火、罐区西侧输油管线流淌火，成功保护37号、42号罐后，现场指挥员立即向现场指挥部报告情况，指挥部根据现场情况，命令举高喷射消防车参加103号着火罐的火灾扑救。经侦察，103号罐为爆炸着火罐，当时罐体通红，发出嘶嘶声，于17日8时20分，奔驰泡沫车在阵地30m处设置一门移动泡沫炮进行灭火，经过近两天两夜连续奋战，取得了103号罐灭火战斗任务的胜利。

经过三天四夜的艰苦奋战，抚顺石化队圆满完成了现场指挥部下达的保护37号和42号罐、扑救103号罐的战斗任务，确保火灾没有进一步蔓延扩大，成功保住了罐区19个总储量175万m³原油储罐以及邻近两个单位的56个总储量为560万m³原油、成品油，及51个总储量12.45万m³二甲苯、苯等易燃易爆有毒危险化学品储罐，确保了整个地区的安全。

四、救援启示

（一）经验总结

① 启动应急响应，力量调集及时准确，多方救援力量同时行动，为扑灭火灾争取了时机。

② 增援力量到场后，能及时向现场指挥部报告，服从命令、听从指挥，确保战斗部署任务第一时间落实到位，避免事故进一步扩大。

③ 联合作战过程中的现场指挥程序明确，相互配合、协同作战、有效沟

通，对成功扑救火灾有重要作用。

（二）存在问题

① 科学部署灭火救援力量，杜绝不必要损失。此次火灾扑救过程中损失的一辆举高喷射消防车，就是因为太靠近事故油罐，在形成大面积流淌火时，来不及收起支臂撤退而被流淌火烧毁。

② 对大型油罐着火、大面积流淌火，以及长距离输油管线火灾，仅靠普通口径的水枪和泡沫管枪根本无法实施有效扑救和冷却。

（三）改进建议

① 要加强对可能发生沸溢、喷溅、爆炸等危险区域的人员和车辆的保护，尽量避免选择举高喷射消防车，防止来不及撤离造成不必要的损失。

② 增加大流量移动炮等新装备的配置，强化以移动炮、车载炮为主攻力量的控制和灭火方式。

2013 年某输油管道 "11 · 22" 泄漏爆炸特别重大事故
国家危险化学品应急救援青岛炼化队

2013 年 11 月 22 日 10 时 25 分，某输油管道泄漏原油进入市政排水暗渠，在形成密闭空间的暗渠内油气积聚，遇火花发生爆炸，造成 62 人死亡、136 人受伤，直接经济损失 7.5172 亿元。

一、基本情况

（一）事故单位概况

① 某股份公司管道储运分公司：是从事原油储运的专业化公司，下设 13 个输油生产单位，管辖途经 14 个省（区、市）的 37 条、6505km 输油管道，以及 101 个输油站（库）。

② 某管道储运分公司某输油处：是输油生产单位，负责管理某输油管道等 5 条、872km 管道。

③ 某管道储运分公司某油库：是下属输油生产单位，负责港口原油接收及转输业务。该油库油罐总容量 210 万 m³（其中 5 万 m³ 油罐 34 座，10 万 m³ 油罐 4 座）。

④ 某管道储运分公司某输油处某输油站：是该输油处下属的管道运行维护单位，负责管理某输油管道胶州、高密界至黄岛油库的 94km 管道。

⑤ 某输油管道相关情况：某输油管道于 1985 年建设，1986 年 7 月投入运行，起自山东省东营市首站，止于开发区黄岛油库。设计输油能力 2000 万 t/a，设计压力 6.27MPa。管道全长 248.50km，管径 711mm，材料为 API5LX-60 直缝焊接钢管。管道外壁采用石油沥青布防腐，外加电流阴极保护。1998 年 10 月改由黄岛油库至东营首站反向输送，输油能力 1000 万 t/a。事故发生段管道沿开发区秦皇岛路东西走向，采用地埋方式敷设。北侧为青岛丽东化工有限公司厂区，南侧有青岛益和电器集团公司、青岛信泰物流有限公司等企业。

事故发生时，某输油管道输送埃斯坡、罕戈 1:1 混合原油，密度 860kg/m³，饱和蒸汽压 13.1kPa，蒸汽爆炸极限 1.76% ～ 8.55%，闭杯闪点 -16℃。油品属轻质原油。原油出站温度 27.8℃，满负荷运行出站压力 4.67MPa。

⑥ 排水暗渠相关情况：事故主要涉及刘公岛路至入海口的排水暗渠，全长约1945m，南北走向，通过桥涵穿过秦皇岛路。秦皇岛路以南排水暗渠（上游）沿斋堂岛街西侧修建，最南端位于斋堂岛街与刘公岛路交会的十字路口西北侧，长度约为557m；秦皇岛路以北排水暗渠（下游）穿过青岛丽东化工有限公司厂区，并向北延伸至入海口，长度约为1388m。斋堂岛街东侧建有青岛益和电器设备有限公司、开发区第二中学等单位；斋堂岛街西侧建有青岛信泰物流有限公司、华欧北海花园、华欧水湾花园等企业及居民小区。

⑦ 排水暗渠分段、分期建设：1995年、1997年先后建成秦皇岛路桥涵南、北半幅。秦皇岛路桥涵以南沿斋堂岛街的排水明渠于1996年建设完成；1998年、2002年、2008年经过3次加设盖板改造，成为排水暗渠（暗渠宽8m、高2.5m）。秦皇岛路桥涵以北的排水暗渠于2004年、2009年分两期建设完成（暗渠宽13m、高2.00～2.50m不等）。排水暗渠底板为钢筋混凝土，墙体为浆砌石，顶部为预制钢筋混凝土盖板。

⑧ 某输油管道与排水暗渠交叉情况：输油管道在秦皇岛路桥涵南半幅顶板下架空穿过，与排水暗渠交叉。桥涵内设3座支墩，管道通过支墩洞孔穿越暗渠，顶部距桥涵顶板1.10m，底部距渠底1.48m，管道穿过桥涵两侧壁部位置采用细石混凝土进行封堵。管道泄漏点位于秦皇岛路桥涵东侧墙体外0.15m，处于管道正下部位置。

（二）事故发生经过

11月22日2时12分，某输油处调度中心通过数据采集与监视控制系统发现某输油管道黄岛油库出站压力从4.56MPa降至4.52MPa，两次电话确认黄岛油库无操作因素后，判断管道泄漏；2时25分，某输油管道紧急停泵停输。

2时35分，某输油处调度中心通知某输油站关闭洋河阀室截断阀（洋河阀室距黄岛油库24.50km，为下游距泄漏点最近的阀室）；3时20分左右，截断阀关闭。

2时50分，某输油处调度中心向处运销科报告某输油管道发生泄漏；2时57分，通知处抢维修中心安排人员赴现场抢修。

3时40分左右，某输油站人员到达泄漏事故现场，确认管道泄漏位置距黄岛油库出站口约1.50km，位于秦皇岛路与斋堂岛街交叉口处。组织人员清理路面泄漏原油，并请求某输油处调用抢险救灾物资。

4时左右，某输油站组织开挖泄漏点、抢修管道，安排人员拉运物资清理海上溢油。

4时47分，运销科向某输油处报告泄漏事故现场情况。

5时07分，运销科向某管道分公司调度中心报告原油泄漏事故总体情况。

5时30分左右，某输油处领导赴现场指挥原油泄漏处置和入海原油围控。

6时左右，某输油处、某油库等现场人员开展海上溢油清理。

7时左右，某输油处组织泄漏现场抢修，使用挖掘机实施开挖作业；7时40分，在管道泄漏处路面挖出2m×2m×1.50m作业坑，管道露出；8时20分左右，找到管道泄漏点，并向管道分公司报告。

9时15分，管道分公司通知现场人员按照预案成立现场指挥部，做好抢修工作；9时30分左右，某输油处报告管道分公司无法独立完成管道抢修工作，请求管道分公司抢维修中心支援。

10时25分，现场作业时发生爆炸，排水暗渠和海上泄漏原油燃烧，现场人员向管道分公司报告事故现场发生爆炸燃烧。

二、事故原因及性质

（一）直接原因

输油管道与排水暗渠交汇处管道腐蚀减薄、管道破裂、原油泄漏，流入排水暗渠及反冲到路面。原油泄漏后，现场处置人员采用液压破碎锤在暗渠盖板上打孔破碎，产生撞击火花，引发暗渠内油气爆炸。

（二）间接原因

① 事故企业安全生产主体责任不落实，隐患排查治理不彻底，现场应急处置措施不当。

② 市政府及开发区管委会贯彻落实国家安全生产法律法规不力。

③ 管道保护工作主管部门履行职责不力，安全隐患排查治理不深入。

④ 开发区规划、市政部门履行职责不到位，事故发生地段规划建设混乱。

⑤ 市政府及开发区管委会相关部门对事故风险研判失误，导致应急响应不力。

（三）事故性质

经调查认定，某输油管道"11·22"泄漏爆炸特别重大事故是一起生产安全责任事故。

三、应急救援情况

（一）救援总体情况

爆炸发生后，省委、省政府领导迅速率领有关部门负责同志赶赴事故现场，指导事故现场处置工作。市委、市政府主要领导等立即赶赴现场，成立现场应急指挥部，组织抢险救援。事故单位集团公司董事长立即率工作组赶赴现场，管道分公司调集专业力量、集团公司调集省境内石化企业抢险救援力量赶赴现场。国务院领导在事故现场听取省、市主要领导同志的工作汇报后，指示成立了以省政府主要领导为总指挥的现场指挥部，下设8个工作组，开展人员搜救、抢险救援、医疗救治及善后处理等工作。当地驻军也投入力量积极参与抢险救援。

现场指挥部组织2000余名武警及消防救援人员，调集100余台（套）大型设备和生命探测仪及搜救犬，紧急开展人员搜救等工作。截至12月2日，62名遇难人员身份全部确认并向社会公布。遇难者善后工作基本结束。136名受伤人员得到妥善救治。

市政府对事故区域受灾居民进行妥善安置，调集有关力量，全力修复市政公共设施，恢复供水、供电、供暖、供气，清理陆上和海上油污。当地社会秩序稳定。

（二）国家危险化学品应急救援青岛炼化队处置情况

11月22日上午10时33分，青岛炼化队接到报警，某化工厂区南侧原油管道泄漏爆炸起火，青岛炼化队指挥员立即调集抢险救援车1辆、大功率消防车2辆赶赴事故现场。因通往事故现场多条市政道路损毁严重，消防车无法通行，在寻找道路过程中，青岛炼化队指挥员接到公司生产调度指令。某物流油库西北侧围墙外，排污入海口处泄漏的原油着火，引燃某炼化公司大件码头附属设施。同时，泄漏的原油沿丽东化工西墙外排污口，通过某炼化公司新罐区围墙相连涵洞，不断涌入某炼化公司二期项目预留海面，威胁某炼化公司2221新罐区安全。

上午10时50分，青岛炼化队赶赴公司大件码头对燃烧的40余个橡胶船舶停靠点和两条渔船进行灭火处置。同时，命令已处于一级战备的其余5辆消防车赶赴新罐区围墙处，对从丽东化工围墙西侧排污入海口处流淌至公司东侧围墙外及预留海面的原油使用泡沫进行覆盖，利用沙袋、沙土对与丽东化工一墙之隔的排污涵洞进行堵截，形成堤坝，防止火势沿泄漏的原油蔓延至某炼化公司预留海面，威胁公司新罐区的安全。

15时左右，在市综合性消防救援队伍作战人员的协同配合下，某炼化公司大件码头周围火势全部被扑灭。

15时20分，青岛炼化队组织抢险救援车和重型泡沫消防车到丽东化工爆燃点执行监护、抢险、搜救任务，对爆炸点周围清理出的石块，以及不断从上游、地面渗出的原油进行泡沫覆盖。

11月22日至27日，青岛炼化队配合综合性消防救援队伍的挖掘救援工作，出2支泡沫管枪不定时对爆燃点周围的原油进行不间断泡沫覆盖，防止发生次生灾害事故；同时，承担事故抢险救援现场的夜间施工照明工作。

在现场指挥部统一组织下，由青岛炼化队、齐鲁石化队及联防片区队伍组成联合指挥攻坚组，对事故区域内100余个可燃气体超标的窨井进行现场检测并隔离，采用泡沫覆盖下水道井盖，利用防爆工具开启等方式，逐个打开各类下水管道盖板，排除超标的可燃气体。

11月27日，青岛炼化队按照上级指令，结束现场救援工作，返回驻地休整。救援历时133.5h，青岛炼化队共出动消防车辆60余车次，协助搜救遇险群众26人，排除险情188处。

四、救援启示

（一）经验总结

① 快速反应，科学指挥。事故发生后，青岛炼化队第一时间带领攻坚组赶赴现场展开救援行动，决策科学，组织得当，运用各类灭火战术正确，确保了各项抢险救援中未发生次生事故，各项救援行动得以圆满完成。

② 不怕艰险，英勇顽强。面对爆炸造成的道路损毁、暗渠破坏、下水道井油气100%超标，以及随时可能发生爆炸的危险和阴雨寒冷带来的不利影响，队员顶风冒雨连续作战，克服爆炸现场恐惧影响，精密部署，安全、高效、出色地完成了现场指挥部交给的各项救援任务。

③ 服从命令、协同作战。全体参战消防官兵坚决贯彻现场指挥部指令，服从指挥员调度，及时到位，科学处置，联防单位在救援现场密切配合、相互协作、相互交流、相互借鉴、并肩作战，充分发挥了整体作战效能。救援结束后队员、车辆无一损害。

（二）存在问题

① 部分先进设备数量相对不足，例如检测类装备在高强度检测作业情况下充电较慢，导致在某些关键时刻，工作效率受到一定影响。同时，一些设备在极端环境下的适应性还有待提高。

② 由于现场情况复杂多变，初期存在人员分配不合理的情况，加之现场作业秩序较为混乱，救援工作效率较低，且存在安全隐患，影响了部分救援工作

的进度。

（三）改进建议

① 配备先进救援装备，增加备用，例如各类侦察检测类装备、移动电源等，保证大型救援事故现场使用，提高救援工作效率。

② 加强大型事故救援现场统一协调指挥，合理分配战斗力量部署，做到令行禁止，确保救援秩序正常开展，提高任务执行效率。

2015年某公司危险品仓库"8·12"特别重大火灾爆炸事故

国家危险化学品应急救援天津石化队

2015年8月12日，某公司危险品仓库发生特别重大火灾爆炸事故。事故造成165人遇难，8人失踪，304幢建筑物、12428辆商品汽车、7533个集装箱受损，直接经济损失68.66亿元。

一、基本情况

（一）事故单位概况

某公司成立于2012年11月28日，为民营企业，事发前法定代表人、总经理为只某，实际控制人为于某伟和董某轩，员工72人（含实习员工）。除董某轩外，该公司人员的亲属中无担任领导职务的公务人员。

某公司危险品仓库东至跃进路，西至中联建通物流公司，南至吉运一道，北至吉运二道，占地面积46226m²，其中运抵区面积5838m²，设在堆场的西北侧。

事故发生前，某公司危险品仓库内共储存危险货物7大类、111种，共计11383.79t，包括800t硝酸铵，680.5t氰化钠，229.37t硝化棉、硝化棉溶液及硝基漆片等。其中，运抵区内共储存危险货物72种、4840.42t，包括800t硝酸铵，360t氰化钠，48.17t硝化棉、硝化棉溶液及硝基漆片等。

（二）事故发生经过

2015年8月12日22时51分46秒，某公司危险品仓库运抵区（"待申报装船出口货物运抵区"的简称，属于海关监管场所，用金属栅栏与外界隔离，由经营企业申请设立，海关批准，主要用于出口集装箱货物的运抵和报关监管）最先起火；23时34分6秒，发生第一次爆炸；23时34分37秒，发生第二次更剧烈爆炸。事故现场形成6处大火点及数十个小火点，8月14日16时40分，现场明火被扑灭。事故单位位置及事故现场示意图如下。

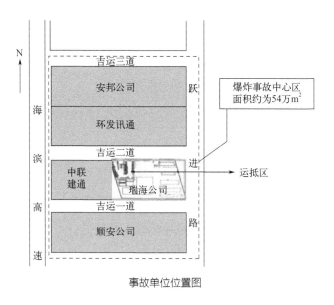

事故单位位置图

运抵区

事故现场示意图

二、事故原因及性质

（一）直接原因

某公司危险品仓库运抵区南侧集装箱内的硝化棉由于湿润剂散失出现局部干燥，在高温（天气）等因素的作用下加速分解放热，积热自燃，引起相邻集装箱内的硝化棉和其他危险化学品长时间大面积燃烧，导致堆放于运抵区的硝酸铵等危险化学品发生爆炸。

（二）事故性质

经调查认定，某公司危险品仓库"8·12"火灾爆炸事故是一起特别重大生产安全责任事故。

三、应急救援情况

（一）救援总体情况

1. 爆炸前灭火救援处置情况

8月12日22时52分，天津市公安局110指挥中心接到某公司火灾报警，立即转警给天津港公安局消防支队。与此同时，天津市公安消防总队119指挥中心也接到群众报警。接警后，天津港公安局消防支队立即调派与天津港某公司仅一路之隔的消防四大队紧急赶赴现场，天津市公安消防总队也快速调派开发区公安消防支队三大街中队赶赴增援。

22时56分，天津港公安局消防四大队首先到场，指挥员侦察发现天津港某公司运抵区南侧一垛集装箱火势猛烈，且通道被集装箱堵塞，消防车无法靠近灭火。指挥员向天津港某公司现场工作人员询问具体起火物质，但现场工作人员均不知情。随后，组织现场吊车清理被集装箱占用的消防通道，以便消防车靠近灭火，但未果。在这种情况下，为阻止火势蔓延，消防员利用水枪、车载炮冷却保护毗邻集装箱堆垛。后因现场火势猛烈、辐射热太高，指挥员命令所有消防车和人员立即撤出运抵区，在外围利用车载炮射水控制火势蔓延，根据现场情况，指挥员又向天津港公安局消防支队请求增援，天津港公安局消防支队立即调派五大队、一大队赶赴现场。

与此同时，天津市公安消防总队119指挥中心根据报警量激增的情况，立即增派开发区公安消防支队全勤指挥部及其所属特勤队、八大街中队，保税区公安消防支队天保大道中队，滨海新区公安消防支队响螺湾中队、新北路中队前往增援。其间，连续3次向天津港公安局消防支队119指挥中心询问灾情，并告知力量增援情况。至此，天津港公安局消防支队和天津市公安消防总队共向现场调派了3个大队、6个中队、36辆消防车、200人参与灭火救援。

23时08分，天津市开发区公安消防支队八大街中队到场，指挥员立即开展火情侦察工作，并组织在天津港某公司东门外侧建立供水线路，利用车载炮对集装箱进行泡沫覆盖保护。23时13分，天津市开发区公安消防支队特勤中队、三大街中队等增援力量陆续到场，分别在跃进路、吉运二道建立供水线路，在运抵区外围利用车载炮对集装箱堆垛进行射水冷却和泡沫覆盖保护。同时，组织疏散天津港某公司和相邻企业在场工作人员以及附近群众100余人。

2. 爆炸后现场救援处置情况

这次事故涉及危险化学品种类多、数量大，现场散落大量氰化钠和多种易燃易爆危险化学品，不确定危险因素众多，加之现场道路全部阻断，有毒有害气体造成巨大威胁，救援处置工作面临巨大挑战。在国务院工作组带领下，救援人员不惧危险，靠前指挥，科学决策，始终坚持生命至上，千方百计搜救失踪人员，全面组织做好伤员救治、现场清理、环境监测、善后处置和调查处理等各项工作。一是认真贯彻落实党中央、国务院决策部署，及时传达中央领导同志重要指示批示精神，先后召开十余次会议，研究部署应对处置工作，协调解决困难和问题。二是协调调集防化部队、医疗卫生、环境监测等专业救援力量，及时组织制定工作方案，明确各方职责，建立紧密高效的合作机制，完善协同高效的指挥系统。三是深入现场了解实际情况，及时调整优化救援处置方案，全力搜救、核查现场遇险失联人员，千方百计救治受伤人员，科学有序进行现场清理，严密监测现场及周边环境，有效防范次生事故发生。四是统筹做好善后安抚和舆论引导工作，及时协调有关方配合地方政府做好3万余名受影响群众安抚工作，开展社会舆论引导工作。五是科学严谨组织开展事故调查，本着实事求是的原则，深入细致开展现场勘验、调查取证、科学试验等工作，尽快查明事故原因，给党和人民一个负责任的交代。

天津市委、市政府迅速成立事故救援处置总指挥部，由市领导任总指挥，确定"确保安全、先易后难、分区推进、科学处置、注重实效"的原则，把全力搜救人员作为首要任务，以灭火、防爆、防化、防疫、防污染为重点，统筹组织协调解放军、武警、公安，以及安监、卫生、环保、气象等相关部门力量，积极稳妥推进救援处置工作。共动员现场救援处置的人员达1.6万多人，动用装备、车辆2000多台（辆），其中解放军2207人、装备339台；武警部队2368人，装备181台；公安消防部队1728人，消防车195辆；公安其他警种2307人；安全监管部门危险化学品处置专业人员243人；天津市和其他省区市防爆、防化、防疫、灭火、医疗、环保等方面专家938人，以及其他方面的救援力量和装备。公安部先后调集河北、北京、辽宁、山东、山西、江苏、湖北、上海8省市公安消防部队的化工抢险、核生化侦检等专业人员和特种设备参与救援处置。公安消防部队会同解放军（北京卫戍区防化团、解放军舟桥部队、预备役力量）、武警部队等组成多个搜救小组，反复侦检、深入搜救，针对现场存放的各类危险化学品的不同理化性质，利用泡沫、干沙、干粉进行分类防控灭火。

事故现场指挥部组织各方面力量，有力有序、科学有效地推进现场清理工作。按照排查、检测、洗消、清运、登记、回炉等程序，科学慎重地清理危险化学品，逐箱甄别确定危险化学品种类和数量，做到一品一策、安全处置，并对进出中心现场的人员、车辆进行全面洗消；对事故中心区的污水，第一时间采取"前堵后封、中间处理"的措施，在事故中心区周围构筑1m高围埝，封堵4处排海口、3处地表水沟渠和12处雨污排水管道，把污水封闭在事故中心区内。同时，对事故中心区及周边大气、水、土壤、海洋环境实行24h不间断监测，采取针对性防范处置措施，防止环境污染扩大。9月13日，现场处置清理任务全部完成，累计搜救出有生命迹象人员17人，搜寻出遇难者遗体157具，清运危险化学品1176t、汽车7641辆、集装箱13834个、货物14000t。

总的来看，在党中央、国务院坚强领导下，国务院工作组团结带领各有关方，勇挑重担、迎难而上、连续奋战，现场处置工作有力、有序、有效，没有发生次生事故灾害，没有发生新的人员伤亡，没有引发重大社会不稳定事件。爆炸发生前，天津港公安局消防支队及天津市公安消防总队初期响应和人员出动迅速，指挥员、战斗员及时采取措施冷却控制火势、疏散在场群众；爆炸发生后，面对复杂的危险化学品事故现场，天津市委、市政府快速反应、果断决策，迅速协调组织各方力量科学施救、稳妥处置，全力做好人员搜救、伤员救治、隐患排查、环境监测、现场清理、善后安抚等工作。但是，事故救援处置过程中也存在不少问题：天津市政府应对如此严重复杂的危险化学品火灾爆炸事故思想准备、工作准备、能力准备明显不足；事故发生后在信息公开、舆论应对等方面不够及时有效，造成一些负面影响；消防力量对事故企业存储的危险化学品底数不清、情况不明，致使先期处置的一些措施针对性、有效性不强。

（二）国家危险化学品应急救援天津石化队处置情况

天津石化队在某公司危险品库发生火灾爆炸事故后，既参加了前期的火灾扑救及抢险救援工作，也参加了后期处置危化品的监护工作。

1. 参加火灾爆炸事故扑救情况

天津港发生火灾爆炸事故后，天津石化队于2015年8月12日0时45分，接到天津滨海新区安监局的调派指令：赶赴事故现场进行增援。接到指令后，天津石化队前后集结了两个中队的5辆消防车、1辆指挥车、48名指战员，立即前往增援。在赶赴天津港火灾现场的行车途中，支队增援力量选择了距事发地较近的滨海高速前往现场，由于天津港发生爆炸事故后，地方政府对现场附近的道路实施了戒严，滨海高速出口被封堵，道路封锁后导致大量的车辆被堵在高速通道上，天津石化队增援力量被堵在高速途中，与现场指挥交通交警协商后，在交警的引导下，强行通过了高速，并于2015年8月13日1时56分到达了事故现场。

到达现场后，天津石化队按照引导到达了天津港第九大街即火灾现场指挥部所在地。支队指挥员通过目测发现位于现场指挥部东侧的天津港浓烟滚滚、火光冲天，因爆炸造成了大量杂物四下飞散，四周围狼藉一片，虽然前期发生两次大爆炸，但是现场内还有连续不断的小爆炸。

面对现场错综复杂的情况，支队指挥员立即与滨海新区安监局指挥部取得联系，请示救援任务，由于此次事故波及范围广，火点较多，伤亡人员众多，次生灾害事故随时都有可能发生。滨海现场指挥部按照区域划分，将天津石化队安排到事故现场东南侧，下达的任务是："消灭火场东南侧外围火点，为后续突击消灭核心火场打开通道，同时搜救外围灭火区域的伤亡人员"。

接到任务后，天津石化队立即进行部署，同时根据现场属于危化品集中地的特殊原因，要求参战指战员全部佩戴空气呼吸器，灭火进攻一线的队员全部穿着防火防化服，并对起火部位开展侦察，对灭火队员提出明确要求："凡是在集装箱内部或者是无法判断是什么物质的起火点一律严禁使用水枪灭火，不允许在情况不明的条件下盲目出水，作为灭火纪律严格执行，同时在灭火过程中搜救遇难和受伤人员，一旦发现立即将伤亡人员送出现场转交医疗部门"。部署完毕以后，支队立即对参战人员进行了分工，成立了三个战斗小组（1个灭火组和2个搜救组），按照预定部署展开行动。

① 战斗展开后，灭火组徒步进入了现场，车辆停放在距现场800m的外围待命，在火点现场西南侧，发现1个起火点距南侧居民小区仅有200m左右，为了及时消灭起火点，经过侦察发现是被引燃的1个食堂仓库内存储的物品，旁边还有3个50kg的液化气钢瓶。由于现场燃烧物质错综复杂，在情况不太明确的情况下，不能轻易使用水灭火，为了尽快消灭火灾，灭火组搜索到了食堂内有10个干粉灭火器，在食堂北侧1个厂房内也有10个干粉灭火器，灭火组随即迅速集中20多个灭火器，开展集中灭火，同时将3个液化气钢瓶迅速转移到安全地带，消灭了1个重大的危险源。

② 2个搜救组进入现场后，第1搜救组在行进的过程中发现路边躺着1名受伤已处于严重昏迷的重伤员，搜救组立即与现场指挥部联系，调派医疗救护组到场准备接收，搜救组使用单杠梯把受伤人员固定好以后，抬出现场并立即交

予在距现场200m的医疗救护人员；第2搜救组在现场西侧的海关大楼附近，搜寻到1名受伤的警察，该警察的右脚在爆炸过程中被切下来半个脚掌，失血严重，搜救组现场对伤者进行了简单的包扎止血后，立即将受伤的警察送往医疗救护组。两个搜救组在搜索过程中发现了5具遇难者的遗体并转移出现场。

③ 经过近13h的灭火以及搜救，队伍消防员已经疲惫不堪，通过与现场指挥部沟通，8月13日15时被调往爆炸现场南侧第九大街休整待命。所有的官兵在13h的奋战中没有喝一口水、没有吃过一口食物，人员疲惫程度已达到了极限。在休整过程中全是依靠现场的爱心志愿者提供的水和食物，参战官兵方才得以休整。

天津石化队经过连续三天两夜的奋战，在完成现场指挥部交予的作战任务后，于2015年8月14日15时30分全部安全归队。

2. 参加爆炸现场危化品转运处置情况

2015年9月4日，天津石化队接到天津市安监局请求增援"8·12"滨海新区塘沽爆炸现场，负责现场未处置危化品的转运保驾工作。

天津石化队接到增援指令后，立即向公司领导汇报，并按照公司领导的要求全力增援"8·12"事故现场。支队根据公司领导要求，结合现场多种物质的危化品特性进行分析，确保转运处置工作顺利。险情复杂多变，为了做到万无一失，支队集中了专门用于灭特殊危化品的D类干粉灭火器8套，并调集中队1辆联用干粉消防车、1辆指挥车、1辆器材车，作为抢险主要力量。为了加强一线抢险救援指挥力量，支队组成了现场领导小组，率领19名参战指战员前往现场增援，并于2015年9月4日7点30分到达事故现场。

到场后天津石化队立即向天津市安监局报到，并向现场总指挥请示作战任务，按照现场总指挥部下达的作战任务，确保现场16个100m³危化品储运罐安全转运，现场总指挥部要求确保16个危化品罐在转运过程中如出现险情要及时予以控制消灭。

支队领受任务以后，达到了位于爆炸中心点50m北侧任务区域，也就是危化品罐集中存放的位置。现场狼藉一片，一部分散落的危化品物料遇空气发生了自燃，空气中充斥着物料自燃后产生的异味。为了确保人员安全，现场所有人员全部穿上防化服，并佩戴好防毒面具。在这种条件下，所有参战的官兵上到支队领导下到每一名战斗员，在酷热的环境下穿着防化服一面研究处置方案，一面展开战斗部署。

从9月4日8时支队增援力量进入处置现场，一直到18时完成危化品罐转运保驾任务，所有人员在现场坚持了10h。在监护过程中，15时左右，现场下起了滂沱大雨，参战官兵冒着大雨坚守在现场，没有一个人躲雨。经过奋战，现场危险品罐全部安全转运，支队监护官兵于18时30分全部归队。

四、救援启示

（一）经验总结

① 不怕艰难，英勇顽强。在两次参战过程中，天津石化队参战人员克服了各种困难，冒着生命危险，奋不顾身，安全、高效、出色地完成了现场总指挥部交给的各项灭火救援任务，展现了天津石化队铁军的风范，展示了天津石化队专业素质和英勇顽强的作风。

② 迅速响应，准备充分。接到报警后，天津石化队迅速集结救援力量，结合现场多种物质的危化品特性及获悉的现场危险源进行分析，加强第一出动力量，备齐备全各类抢险装备和物资，如专门用于灭特殊危化品的D类干粉灭火器8套，确保全程处置工作安全顺利进行。

（二）存在问题

① 针对现场复杂多变的危险环境，消防员面临未知的危险大大增加，面对多种危险化学品和个人侦检防护装备配备不足的情况，现场救援难度大大增加。

② 队伍后勤保障装备欠缺，持续作战能力不足。随着救援队伍专业化能力的增强，未来救援任务将会更加频繁、更加持久，必须增强持续作战能力。

（三）改进建议

① 配备应对多种危险化学品应急救援的个人防护装备和侦检装备，及时发现事故现场各类危险因素，保障救援人员安全完成救援任务。

② 配置后勤保障车辆装备，保障队员在参加大型救援任务过程中，能够得到较好的轮流休整和充足的后勤保障，提高队伍持续作战能力。

2019 年某化工公司"3·3"较大气体中毒事故
国家危险化学品应急救援普光队

2019 年 3 月 3 日 4 时 45 分，某化工公司湿法净化磷酸（PPA）灌装区发生较大气体中毒事故，造成 6 人急性中毒，其中 3 人经全力救治无效死亡，其余 3 人轻度中毒，直接经济损失 425 余万元。

一、基本情况

（一）事故单位概况

某化工公司成立于 2008 年 12 月，占地面积 3000 余亩，总建筑面积 74400 m²，厂区内道路为环形消防车道（可双向通车），现有产能包括 120 万 t/a 磷矿选矿、120 万 t/a 硫磺制酸、42 万 t/a 磷酸、40 万 t/a 湿法净化磷酸、60 万 t/a 磷酸二铵、20 万 t/a 的食品/工业级磷酸盐、50t/a 碘、5 万 t/a 水溶肥等化工装置，同时配套了 3000m³ 磷石膏堆场及 1200 万 t/a 铁路专线。主要生产销售磷复肥、净化磷酸、磷酸盐、固体和液体水溶肥料等产品。

（二）事故现场情况

事故发生部位为 PPA 灌装区槽车灌装区域，建筑为钢混结构，占地面积约 500m²，内设有值班室、装车栈台、污水回收操作台（地下污水池），堆放区存放有成品磷酸桶约 200 桶（1t/桶）。PPA 灌装区是某公司通过槽车、火车对外销售净化磷酸产品的灌装部位，负责 PPA 产品的灌装及发运业务。某公司 15 万 t/a PPA 灌装工程于 2013 年 1 月 21 日设计、施工，2013 年 3 月 25 日竣工验收。

（三）事故发生经过

2019 年 2 月 25 日 11 点 25 分，某环保科技有限公司（为某显示科技有限公司做水处理）业务员给某公司销售员朱某强打电话需要一车硫化钠，朱某强随即与某能源有限公司（该公司为某公司提供来料加工，双方为合作关系）联系，在得知有货后，25 日 14 时至 15 时，朱某强在网上发布消息，寻找车辆去某能源公司拉液体，需要罐车；大约 1h 后，某公司法定代表人杨某通过手机软件发现这条货运信息，于是杨某与朱某强电话联系，2月26日杨某通过电话与朱某强口头达成运输协议。

2月27日14时左右，某公司驾驶员孔某驾驶普通挂车从什邡前往某公司，杨某随车同行。2月28日0时，装货完毕，装载货物（实为硫化钠）29.56t。2月28日9时左右，该车到达某显示科技有限公司硫化钠卸货点。因该车无危险品运输资质，某显示科技有限公司拒绝收货。杨某于是联系某航标公司代某军，拟倒罐到某航标公司的危险品运输车上再次运输到某显示科技有限公司卸货，谈妥运费后，该车驶往德阳什邡市，于28日16时左右抵达某航标公司。

3月1日19时左右，完成从某公司普通挂车至某航标公司具有危险品运输资质的常压危货槽车的倒罐（罐体容积22.20m³，核载质量32.50t），其间由于硫化钠存在结晶情况，曾使用蒸汽融化结晶。3月2日7时左右，某航标公司员工张某平、杨某平（均具有危险品运输车辆驾驶、押运资格）驾驶具有危险品运输资质的常压危货槽车从某航标公司出发，于3月2日12时左右运送至某显示科技有限公司。

3月2日16时，张某平、杨某平驾驶具有危险品运输资质的常压危货槽车在某显示科技有限公司卸载完硫化钠水溶液后，按照某航标公司的安排，驶往某化工公司，拟装载磷酸运送到某创信化工有限公司。

3月2日16时35分，某公司罐车（罐体容积42m³，核载质量31.50t）驾驶员魏某堂和押运员姜某昌二人在某石化有限公司卸载完乙二醇丁醚后（2月26日在某实业公司装载），到达某化工公司PPA灌装区，停靠在灌装平台南侧工位，并开始向罐体内通入蒸汽进行清洗（置换）。

3月3日1时08分，某航标公司驾驶员张某平和押运员杨某平驾驶常压危货槽车到达某化工公司PPA灌装区，某化工公司PPA灌装区发运员陈某未对运输车辆进行检查，该车辆停靠在灌装平台北侧工位，并开始向罐体内通入蒸汽进行清洗。

3月3日4时40分，某航标公司常压危化槽车驾驶员张某平打开排料阀发现排料管线堵塞，无法排除罐体内废水，就用一根钢筋将排料管线内结晶硫化钠掏至铁桶内并倒入废水排放沟，随后在押运员杨某平的协助下用蒸汽加热排料管线阀门。

4时43分，某航标公司常压危货槽车排料阀开始向废水排放沟排放罐体内含硫化钠的废水，与磷酸反应生成硫化氢气体。

4时44分45秒，罐车驾驶员魏某堂（男，44岁）出现中毒症状并失去意识，后经抢救无效死亡；某化工公司员工郝某萍（女，47岁）逃离灌装平台，倒在灌装平台楼梯口，后经抢救无效死亡；罐车押运员姜某昌（男，46岁）倒在罐车南侧中部处，后经抢救无效死亡；某航标公司常压危货槽车驾驶员张某平迅速逃离现场，并将中毒倒在灌装区堆场的押运员杨某平救出。

5时，张某平及某化工公司现场员工电话向110、120、某化工公司调度室报警。

二、事故原因及性质

（一）直接原因

某航标公司常压危货槽车驾驶员张某平、押运员杨某平在某化工公司PPA灌装区用蒸汽清洗罐体时，所产含有硫化钠废液进入含有磷酸的开放式清洗废液收集沟、池，硫化钠与磷酸反应生成具有吸入性、急性、毒性的硫化氢气体，半敞开PPA灌装区作业现场的人员吸入高浓度硫化氢气体导致急性中毒。

（二）间接原因

① 某航标公司未严格落实企业安全生产主体责任，安全管理混乱，安全生产教育和培训不到位，对承运危险化学品的危险特性和装载禁忌不知悉、不掌握，违规在不具备污染物处理能力的机构对危险品槽车罐体进行清洗作业，是事故发生的主要原因之一，对事故的发生负主要责任。

② 某化工公司未严格落实企业安全生产主体责任，安全生产教育和培训不到位，操作规程、应急救援预案编修不完善，工作人员违规在不具有污染物处理能力的场所进行清洗作业，是事故发生的主要原因之一，对事故的发生负主要责任。

③ 相关企业违法违规，落实安全生产主体责任不力，安全教育培训不到位，安全管理制度落实不力，是事故发生的重要原因。

④ 市经开区党工委、管委会落实市安全生产"党政同责""一岗双责"暂行规定不到位，安全发展意识不牢固，安全生产"红线"意识不强，对安全生产工作强调得多，调查研究不够，安全生产末端措施不具体；督导职能部门履职不到位，对2013年3月至2019年3月以来，某化工公司PPA灌装平台长期违规对外来车辆清罐操作的问题未发现和处罚制止，负有监管不力之责。

⑤ 负有安全生产、环境保护管理职责部门未认真履职，督促企业贯彻落实安全生产、环境保护政策法律法规不到位，监督检查不到位。

（三）事故性质

经调查认定，某化工公司"3·3"较大气体中毒事故是一起生产安全责任事故。

三、应急救援情况

（一）救援总体情况

事故发生后，某化工公司立即组织物流部磷酸二铵（DAP）袋库、DAP装置、PPA装置等部门应急力量与PPA灌装区岗位人员开展现场自救工作，先后救援出3名中毒被困人员。公司负责人黄某柱、付某、冉某泉等相继赶到现场组织和参加救援工作，安排人员引导救护车和消防车、对事发区域周边进行隔离警戒、进一步核查和清点现场作业人员等。

接报后，省、市领导立即做出电话指示，要求全力抢救伤员、严查事故原因、做好善后处置。市领导带领相关部门负责人第一时间赶赴现场，会同已在现场前期处置的经开区相关负责同志，成立了现场指挥部，指挥部下设应急抢险、环境监测、医疗救护、善后处置、后勤服务等11个工作组，按照"及时、科学、安全、专业"的原则开展相关工作。市综合性消防救援队伍、市安全生产应急救援支队、普光气田应急救援中心共100余名指战员参与现场救援。先后救出的6名中毒人员被及时送往医院进行一对一救治，救援人员还对现场相关管道和设备进行了有效处置。至3月3日15时30分，经环保部门现场监测空气质量已达到要求，现场救援工作结束。

3月3日8时30分，市应急管理局分别向省应急管理厅、市委、市政府书面报告事故情况（初报）后，又先后3次续报事故情况，并更新事故救援处置有关信息，直至救援工作结束。

整个处置工作在省委、省政府领导的高度关注下，在国家应急管理部的指导帮助下，救援处置工作扎实有力、有序推进。事故处置期间，经开区社会稳定，舆情正常，没有产生新的不稳定因素。

（二）国家危险化学品应急救援普光队处置情况

2019年3月3日6时18分，普光队接到报警电话后，迅速出动气防、消防、环境监测等专业救援队员28名，大流量泡沫消防车、水罐消防车、排烟车、移动充气车、环境监测车等5辆抢险车辆赶赴现场，经过4个战斗段近10h的艰苦处置，成功控制险情、消除隐患。

7时16分，指挥车、环境监测车先期抵达现场。现场成立了由市政府领导为总指挥、市应急管理局负责人为指挥长、普光队指挥员为副指挥长的现场指挥部和11个工作组，明确了普光队为此次救援行动的主战力量，负责现场具体的处置任务。

救援处置阶段分为4个战斗段，先后采取了侦检、警戒、吹扫驱散、关阀断料、地面流淌液体处置、转移事故车辆、排查隔离、酸碱中和等战术和处置措施。具体过程如下。

1. 侦检、监测、吹扫（用时1h）

7时25分，指挥员带领3名队员进入事故区域进行侦检和选择环境监测点位，掌握详细情况。

事故现场面积约200m²，内设有值班室、装车栈台、污水回收操作台（地下污水池），周边堆放大量成品磷酸桶，停有2台化工品运输车辆。事故罐车在装车栈台右侧，加注管线处于装料状态，且罐内液体已溢出，罐车左后方6m处的地下污水池处于满池状态，排水沟液体已溢出。常压危货槽车在装车栈台左侧，车体尾部排污管线伸至排水沟，罐顶盖处于敞开状态。装车区域地面有大量流淌液体。

7时50分，普光队主战车辆抵达事故现场（因高速路收费，延缓车队到达时间）。根据现场侦检情况，指挥员作出战斗部署，成立了侦检、监测、处置、供气、警戒5个抢险小组。

7时55分，监测组分别在2台事故车辆、污水池及装车栈台处布设4个综合气体监测仪器，并实时向指挥员汇报监测数据，首次监测数据显示硫化氢浓度为82mg/m³，最高值达155mg/m³。

8时30分，排烟车按照指令停放到指定区域对泄漏区域有毒有害气体进行吹扫驱散，为抢险处置创造相对安全环境。

2. 关阀断料，抑制扩散（用时1.5h）

9时5分，处置组6名队员和某化工公司1名技术人员，穿戴个人防护装备，对2辆事故车辆的罐体顶盖、排污阀、装车栈台输料管线阀门进行关闭、确认；同时，断开车辆与装车台连接的管线、扶梯。

9时27分，处置组与技术人员撤至安全区域。

10时28分，处置组6名队员向事故现场地面抛撒氢氧化钠，抑制地面流淌液体生成硫化氢。

3. 分区隔离，排查危险源（用时2h）

10时40分，处置组6名队员和化工厂2名司机进入现场，一是评估燃爆、闪爆风险，检查车辆受硫化氢污染情况；二是利用蒸汽对车辆排气管进行吹扫，消除排气管内硫化氢气体。经现场侦检，确认达到安全条件。

12时43分，征得现场指挥部同意后，将2辆事故车辆分别转移至2个指定隔离区域，并进行实时监控。

12时45分，环境监测组对2辆车和装车栈台区进行密切监控，逐一排查危险源，经过2h的监测，常压危货槽车监测数据最高值为0.58mg/m³，罐车监测数据均为0；污水池监测数据最高值为58mg/m³。最终确定危险源来自装车栈台污水池。

4. 酸碱中和，集中处置（用时1h）

15时15分，现场指挥部按照应急管理部灭火救援专家建议，调拨500kg氢氧化钠运抵现场，普光队迅速组织处置组向污水池、排水沟内倒入氢氧化钠并持续搅拌，中和污水池中残存的磷酸，降低硫化氢浓度。

救援处置完成后，按照现场指挥部要求，对事故现场硫化氢浓度进行检测。16时19分，经大气监测，现场硫化氢浓度稳定在安全值范围内，周边环境无污染。

16时27分，按照现场指挥部指令，应急处置终止，普光队安全归队。

四、救援启示

（一）经验总结

① 响应迅速，准备充分。接到市应急管理局的报警后，普光队迅速启动一级响应程序，集结救援力量，并根据获悉的现场危险源，备齐备全抢险装备和物资，确保了处置工作安全顺利进行。

② 明确任务，统一指挥。普光队到达现场后，主动承担救援行动的主要任务，按照现场指挥部统一部署，积极与某化工公司及其他救援队结合，全面熟悉掌握事故现场情况。

③ 科学决策，措施得当。结合事故现场的复杂性和危险性，采取了"双确认""双监护""酸碱中和"等科学、有效的处置措施，成功完成救援任务。同时，在整个处置中，为防止水与未知危化品发生化学反应，一直未启用水罐消防车进行处置，避免了可能发生的次生灾害和环境污染。

"双确认"：转移车辆前，对磷酸罐车顶盖、磷酸装卸装置的闸阀进行了关断和二次确认，对装车栈台与车辆是否有连接件进行了二次确认，对车辆周围及驾驶室硫化氢气体含量、可燃气体浓度进行了二次确认，确保各工艺流程完全关断。

"双监护"：对化工厂技术人员取样过程进行了双人监护，对罐车顶盖关断操作进行了双人监护，确保救援人员安全。

"酸碱中和"：利用危化品理化性质，采取酸碱中和的方法，使用氢氧化钠消除了危险源。

"RDK 监测"：环境监测组利用 RDK 监测技术对 4 个疑似硫化氢聚集及扩散终点位置进行了无线远程布控监测，实时监测硫化氢浓度及范围，为现场指挥部制订作战计划和科学决策提供了重要依据。

④ 素质过硬、设备可靠。救援队员克服高危环境压力和高强度体力消耗，连续奋战近 10h，始终保持了旺盛的战斗力。抢险车辆在整个险情处置过程中，运行良好，未出现任何故障，确保了现场救援正常开展。

⑤ 救援有序、保障有力。此次救援过程各小组分工明确，岗位职责清晰，救援流程严密，形成了一套完备的救援工作程序。

设专职记录员，对进出高危区域的所有人员均进行登记，时刻掌握救援人员动态和空气呼吸器使用时间。

设观察哨和现场通信员，观察救援人员状况和救援环境，确保通信畅通和救援人员安全。

设空气呼吸器保障点，向现场抢险处置人员供应空气呼吸器气瓶 50 具，转运氢氧化钠 500kg。

⑥ 事故现场配有宿营车、供油车、宿营帐篷、照明发电车等，后勤保障较好。

（二）存在问题

① 火场联络不畅通，现场通信手段主要通过对讲机完成，各个战斗段均使用直通模式，存在相互干扰现象，前后联络衔接不上，影响命令下达和阵地之间联络。

② 资料采集不清晰不及时，目前所配备的防爆手持终端拍照、摄像效果不佳，无法采集高质量的案例影像资料，不利于战术研讨和案例学习。

（三）改进建议

① 以适应大火场实战需要为目标，进一步加强通信装备保障，更新和完善通信指挥系统和通信器材，保证在火场噪声和复杂情况下，各项战斗命令能及时下达到位。

② 配备专业的先进单兵、单反相机和数字摄录像机等装备器材，并指定专人负责事故过程图像和视频资料收集任务，确保事故全过程影像资料记录下来，为后续战术研讨复盘提供数据支撑。

2019 年某化工公司"3·21"特别重大爆炸事故
国家危险化学品应急救援扬子石化队

2019 年 3 月 21 日 14 时 48 分，某化工公司发生特别重大爆炸事故，造成 78 人死亡、76 人重伤，640 人住院治疗，直接经济损失 19.8635 亿元。

一、基本情况

（一）事故单位概况

某化工公司成立于 2007 年 4 月 5 日，占地面积 14.70 万 m^2，其主要产品为间苯二胺（17000t/a）、邻苯二胺（2500t/a）、对苯二胺（500t/a）、间羟基苯甲酸（500t/a）、3, 4-二氨基甲苯（300t/a）、对甲苯胺（500t/a）、均三甲基苯胺（500t/a）等，主要用于生产农药、染料、医药等。某化工公司分设安全科和固废焚烧中心、污水处理中心，负责企业安全生产和环保相关工作。

（二）事故发生经过

事故调查组调取了 2019 年 3 月 21 日现场有关视频，发现有 5 处视频记录了事故发生过程，具体如下。

3 月 21 日 14 时 45 分 35 秒，事故公司旧固废库房顶中部冒出淡白烟。

14 时 45 分 56 秒，有烟气从旧固废库南门内由东向西向外扩散，并逐渐蔓延扩大。

14 时 46 分 57 秒，新固废库内作业人员发现火情，手提两个灭火器从仓库北门向南门跑去试图灭火。

14 时 47 分 03 秒，旧固废库房顶南侧冒出较浓的黑烟。

14 时 47 分 11 秒，旧固废库房顶中部被烧穿有明火出现，火势迅速扩大。

14 时 48 分 44 秒，视频中断，判断为发生爆炸。

从旧固废库房顶中部冒出淡白烟至发生爆炸历时 3 分 9 秒。

二、事故原因及性质

（一）直接原因

某化工公司旧固废库内长期违法贮存的硝化废料持续积热升温导致自燃，燃烧引发硝化废料爆炸。

（二）事故性质

事故调查组认定此事故为一起长期违法贮存危险废料导致自燃进而引发爆炸的特别重大生产安全责任事故。

三、应急救援情况

（一）救援总体情况

事故发生后，党中央、国务院高度重视，江苏省和应急管理部等立即启动应急响应，迅速调集综合性消防救援队伍和危险化学品专业救援队伍开展救援。至3月22日5时，该公司的储罐和其他企业等8处明火被全部扑灭，未发生次生事故。至3月24日24时，失联人员全部找到，救出86人，搜寻到遇难者78人。江苏省和国家卫生健康委全力组织伤员救治，至4月15日，危重伤员、重症伤员经救治全部脱险。生态环境部门对爆炸核心区水体、土壤、大气环境密切监测，实施"堵、控、引"等措施，未发生次生污染。8月25日，除残留在装置内的物料外，生态化工园区内的危险物料全部转运完毕。

（二）国家危险化学品应急救援扬子石化队处置情况

2019年3月21日16时30分，扬子石化队接到命令，要求出动力量参与某化工公司爆炸事故救援。16时35分，扬子石化队迅速调集应急指挥车1辆、大流量泡沫消防车1辆、18米举高喷射消防车1辆、载液抗溶水成膜泡沫20t、水20t，各类侦检及各类抢险救援器材、轻重型防化服、隔热服、避火服、正压式空气呼吸器、他救面罩、4G单兵传输系统和抢险破拆器材等奔赴事故现场。

20时50分，扬子石化队救援力量从G25灌南/响水出口驶下高速，连续行驶三百多公里，于21时29分，到达事故现场。立即组织火情侦察小组，由指挥员担任组长带领3名队员深入现场内部进行认真细致侦察。

23时，扬子石化队和青岛炼化队两支专业危化应急救援力量与中国石化青岛安全工程研究院环境专家一起，对现场环境进行侦检；扬子石化队携带便携式检测仪与青岛炼化队一起对火点周围进行持续检测。

24时，扬子石化队和青岛炼化队两支专业危化应急救援力量与中国石化技术专家，对现场应急处置措施进行分析，提出切实可行的处置方案。

22日2时42分，扬子石化队与青岛炼化队一起参加应急管理部主持的方案讨论会并做专业汇报。

22日4时45分，江苏省消防救援总队指挥部命令扬子石化队做好消防车装备准备和人员安排，准备接受总攻任务。

23日8时05分，扬子石化队指挥员带领侦检组陪同应急管理部总工程师，深入事故现场内部，逐个确认处置情况。10时5分确认完毕报告情况。

23日12时50分，扬子石化队现场侦检组接到命令，组成3人小组随搜救队配合进行现场搜救。

23日14时55分，扬子石化队指挥员和中国石化专家组成侦察小组，对受爆炸周边影响的周边企业和知情人进行了解，为总队指挥部分析事故原因提供有用的判断信息。

23日15时40分，扬子石化队接到江苏省消防总队命令，配合进行远距离供水系统的战斗部署。

23日2时05分，接到通知，扬子石化队圆满完成任务，于7时40分返程。

四、救援启示

（一）经验总结

① 扬子石化队指战员发挥顽强的战斗作风，从21日接受任务开始，不顾疲劳和饥饿，坚持到22日早晨。队员们毫无怨言，始终坚守在事故现场，表现出国家应急救援队伍的精神面貌。

② 突出发挥骨干作用，所有战斗任务分组均由指挥员负责带队完成，为参加救援的队员做出积极的示范作用。

③ 发挥长期与市综合性消防救援队伍开展联战联勤的优势作用，与现场应急救援的政府消防力量密切沟通，分享危化事故专业救援经验，始终发挥联战联勤作用。

（二）存在问题

① 对重型消防车长途行驶油耗估算不足。接受任务后未带上加油卡和现金，300km以上的远距离外出应急救援行动没有经验。

② 个人侦检装备配备不足。政府队伍和青岛炼化队进入现场便携式检测仪按照人头配备，扬子石化队按照班组配备，相比较差距较大。

③ 事故过程图像和视频资料收集不足。队伍第一时间没有专人携带专业单

反相机和数字摄录像机，记录现场文字和视频图像资料较为滞后。

④ 后勤补给考虑不充分，队员的饮食和保暖工作没有做到位，给夜间消防员的通宵行动带来了严峻考验。

（三）改进建议

① 提前制定跨区域远距离救援任务行动预案，出动前，按照方案准备好各类救援装备和物资，确保第一出动力量充足。

② 为救援人员配置个人防护装备和侦检装备，如便携式可燃检测仪、防低温手套等，以应对现场不同救援环境，提高现场救援效能。

③ 加强第一出动，指定专人负责事故过程图像和视频资料收集任务，并携带专业单反相机和数字摄录像机等器材随队伍出动。

④ 配置后勤保障车辆装备，保障队员在参加大型救援任务过程中，能够得到较好的轮流休整和充足的后勤保障，提高队伍持续作战能力。

2020 年某气体有限公司"7·7"气瓶爆炸事故

国家危险化学品应急救援燕山石化队

2020年7月7日16时，某气体有限公司在北京市通州区台湖镇江场村北一简易平房内存放的危险化学品发生爆炸燃烧，事发房屋部分房顶及墙体坍塌，未造成人员伤亡，事故直接经济损失211.1万元。

一、基本情况

（一）事故单位概况

某气体有限公司，经营范围包括不带有储存设施经营危险化学品、道路货物运输、销售化工产品（不含危险化学品）等。2019年7月，该公司另租用北京市通州区台湖镇江场村北一简易平房（事发房屋）储存瓶装环氧乙烷、乙炔和回收的其他各类气瓶。该公司未取得危险货物道路运输许可，日常用于危险化学品运输的4辆运输车均不符合危险货物运输有关要求。该公司非法倒装气瓶，安排公司部分管理人员及司机在未采取安全防护措施的情况下，长期通过导管将环氧乙烷从800L或400L规格的气瓶倒装到100L和40L规格的气瓶内。

（二）事故现场情况

事发房屋主体为东西向并排7间砖房，为砖砌、木质房梁结构，房顶铺设石棉瓦等材料，屋内有照明灯；中部南侧2间小型砖房通过铁皮围挡连接（围挡南侧偏西设有铁门），与北侧砖房形成半封闭院落，院落东侧搭设彩钢板顶棚。事发前现场无人看护，无视频监控设备。事故处置结束后，事发房屋被推倒，现场地面被铲平。

事故发生后，事故现场清理出各类气瓶757只，其中23只气瓶发生瓶体爆炸开裂、解体，包括100L环氧乙烷气瓶1只、40L环氧乙烷气瓶19只和回收的废旧气瓶3只。事发前，事发房屋南侧围挡外存放1只800L和2只400L环氧乙烷气瓶；事发房屋外接彩钢板顶棚下存放100L和40L环氧乙烷气瓶，及40L乙炔气瓶；事发房屋内主要存放空瓶及回收的废旧气瓶，回收的部分气瓶中有剩余残液或残气。事故现场气瓶位置如下。

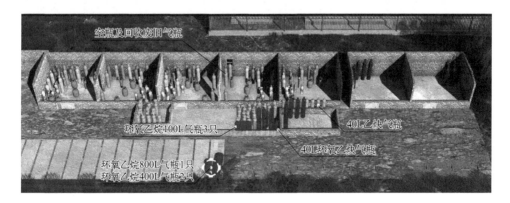

（三）事故发生经过

2020年7月4日、6日，该公司管理人员赵某林在事发房屋南侧围挡外通过导管将环氧乙烷从800L和400L规格的气瓶倒装到100L和40L规格的气瓶内，共充装约60只气瓶，其中3只100L气瓶按照标准充装容量充满环氧乙烷，其余40L气瓶按照充装容量70%或90%的比例充入环氧乙烷，准备制作环氧乙烷和二氧化碳混合气体，用于卫生用品制造过程中的灭菌消毒。

7月7日8时，公司在事发房屋外接彩钢板顶棚下存放37只乙炔气瓶。9时54分左右，司机王某丹、胥某华开车到达事故现场，装载3只100L环氧乙烷气瓶，前往密云区、顺义区送货。14时02分左右，司机王某军开车到事故现场装载26只40L环氧乙烷气瓶，14时24分左右离开，前往城信顺兴公司。王某军离开后，司机姜某开车到达事故现场，在事发房屋南侧围挡外通过导管将环氧乙烷从400L规格的气瓶倒装到40L规格的气瓶内，共充装4只气瓶，并用所驾驶车辆装载，14时48分左右离开。15时47分左右，司机王某丹、胥某华开车到达事故现场，卸下从密云区运回的3只100L环氧乙烷气瓶并存放至事发房屋外接彩钢板顶棚下，15时52分左右离开。

16时，事发房屋西侧约50m的住户张某听见爆炸声，并于16时03分报警。附近视频监控显示：16时01分左右，事故现场出现灰白色烟气；16时05分左右，出现黑色烟气；16时07分左右，事故现场出现火光，有爆炸物飞溅；16时12分左右，事故现场发生猛烈爆炸，呈现较大面积燃烧；16时16分至16时19分，接连发生多次爆炸。此后现场持续燃烧，不断冒出烟气。

二、事故原因及性质

（一）直接原因

现场泄漏的环氧乙烷被点火源点燃发生燃烧；相邻乙炔气瓶受热，易熔塞的易熔合金熔断、乙炔泄漏燃烧；环氧乙烷气瓶受燃烧产生的高温炙烤，瓶内环氧乙烷发生剧烈反应，内部压力迅速升高导致气瓶爆炸开裂、解体，并引发周边环氧乙烷气瓶及其他气瓶接连发生多次爆炸。

（二）间接原因

违法储存、违法经营危险化学品和废旧气瓶，非法将气瓶内的环氧乙烷向其他气瓶倒装，非法运输危险化学品，违法建设、违规出租房屋，有关单位没有正确履行工作职责是事故发生的间接原因。

（三）事故性质

该起事故是一起违法储存、违法经营、非法充装、非法运输危险化学品和废旧气瓶，违规出租、违法建设房屋导致的安全责任事故。

三、应急救援情况

（一）救援总体情况

2020年7月7日16时03分，北京119指挥中心接报事故警情。16时12分，消防救援人员到达现场，迅速组织开展灭火。16时39分，现场明火被扑灭。

因现场回收气瓶种类多、标识不清，且部分气瓶爆裂泄漏，物质辨别困难、处置风险高，市应急管理局牵头成立应急处置现场指挥部，协调消防、公安、宣传、环境、气象、卫健、属地政府部门，以及专业社会力量和行业专家参与现场处置。公安部门疏散安置周边群众500余人。7月13日17时30分，事故现场处置全部结束，现场共清理出不同种类、不同规格气瓶757只（755只在现场进行处置，2只运送至专业公司处置），其中报废和超期未检气瓶258只。

事故处置过程中及时组建现场指挥部，充分调动各方资源，依托专业救援队伍和专家对现场进行专业处置，未发生次生事故。

（二）国家危险化学品应急救援燕山石化队处置情况

7日23时，国家危险化学品应急救援燕山石化队接到指令后到现场指挥部报到，北京市应急管理局主持会议，通报了爆炸事故现场基本情况，听取了燕山石化队对环氧乙烷气体钢瓶的处置方案，以及环氧乙烷用除盐水处理后的基本处置措施，提出了对现场的气体钢瓶进行分类识别、测漏检测的措施，避免在后续的处置过程当中出现二次事故。

1. 勘察现场情况，确定应急方案

8日0时42分，会议结束后，燕山石化队专家组人员立即赶往事故现场进行实地考察。1时05分到达事故现场后，建议继续保持水雾稀释冷却，加强人员防护，避免人员出现中毒现象。同时建议绘出现场平面图，对现场地形全貌、危险点、着火点、气瓶分布等在平面图中标出，为下一步处置提供参考依据。

8时，市应急管理局主持会议，要求现场处置的各专业部门、厂家以及属地政府拿出相关救援、现场处置、后勤保障、综合协调、气象、环保、交通等预案，确定整体预案后，由各部门、单位逐一落实。

9时52分，燕山石化队直入事故现场，对现场情况进行整体拍照，对所有未遭到破坏的气体钢瓶进行近距离拍照，交由专业厂家进行判定。同时对建筑形式、危害程度进行拍照，为现场指挥部下一步的分区域处置决策提供参考。

11时22分，现场指挥部再次召开会议，燕山石化队对现场情况、危害程度进行汇报，并提出了"对外围没有受到威胁的气瓶进行转移，对埋压的气瓶先不做处置"的建议，提出对所有气瓶进行测漏检测，再由专业人员对气瓶进行分类处置，同时对无风险的气瓶进行转移，并要求所有专业组立即完善各专业组预案，属地政府做好相关物资后勤保障工作，待整体方案形成后，立即展开相关工作。

2. 增调专业设备，划定检测区域

由于事故现场缺少对有毒有害气体的检测，无法对事故现场周边以及气体钢瓶进行判定，现场指挥部立即增调燕山石化队配备的专业检测设备到现场，并承担事故现场检测任务。

21时40分，燕山石化队结合现场事故环境及特点，制订事故检测方案，主要负责环氧乙烷气瓶处置指导工作，并负责后台数据监控预警、现场检测工作。属地消防负责现场车辆、人员的管理，并对检测装备、防护装备等进行准备及落实。

为更好开展现场检测工作，将爆炸事故现场分为三个区域。其中，气瓶种类最多、爆炸最为严重的北侧和东侧区域为2号区域（核心区）；危险较小，在核心区西侧的区域为1号区域；环氧乙烷、乙炔堆放最多的南侧区域为3号区域。区域划分得到现场指挥部的充分肯定。

3. 检测分析定性，完善处置措施

9日9时53分，燕山石化队进入现场实施检测，首先对现场外围进行检测，确认无问题后，按照现场指挥部命令先后进入1号、2号、3号区域实施检测。在到达2号区域北侧时，发现是磷化氢（磷烷）超标，同时在3号区域内检测出硫化氢超标，并标注出具体位置上报现场指挥部。现场指挥部得到数据后，命令检测人员撤出事故现场，并组织救援力量对现场有毒有害气体进行稀释驱散。同时要求进入现场人员全部升级穿戴防护服进入，重点对核心区域进行稀释，同时将现场划分为重度危险区和轻度危险区，立即在进出门口搭建洗消区域，现场所有人员完成任务后必须洗消。

4. 持续检测排查，确保万无一失

9日14时，按照现场指挥部命令，燕山石化队为确保气瓶安全搬出，对每个搬出的气瓶逐一进行热成像检测，同时对有可能泄漏的气体进行检测识别。当天共检测气瓶560只，其中发现泄漏气瓶5只，泄漏气体为硫化氢、一氧化碳、氯化氢等有毒有害气体，为搬运人员的人身安全提供了安全保障。

10日，按照现场指挥部要求，处置人员全天要对氨气、硫化氢、氯乙烯等有毒有害气瓶进行置换处置，燕山石化队确定监测地点，划定安全区域，全程防护穿梭在爆炸事故处置现场进行不间断监测，将监测数据实时传递到现场指挥部。当发生检测数据超过警戒值报警时，及时上报并拉响撤离警报；当监测数据恢复正常后，通知处置人员再次进入现场置换工作。

13日14时，按照现场指挥部命令，凡是进入现场处置人员，在没有对现场检测前，禁止进入现场作业。燕山石化队坚持每天8点前完成现场全面检测，对每个未处置的气瓶阀口、处置过的吨箱残液以及在吨箱内置换的泄漏钢瓶周围逐一检测，同时对现场出现的磷化氢、硫化氢地点及疑似钢瓶进行检测，确保处置环境安全。

5. 迅速应对突发，处置科学得当

13日早晨，接到现场指挥部通知：现场清理时发现一瓶二氯二氢硅（二氯硅烷）钢瓶需要处置，同时需要提供技术支持。燕山石化队立即做出响应，对现场进行实地勘察，确认现场暂时不具备处置条件，需要等待厂家专业人员到场再进行，并向现场指挥部报告勘察情况。

13时，燕山石化队提前进入现场，在测完现场周围安全后，对二氯硅烷气瓶进行检测，未发现泄漏点，同时提醒处置人员，此瓶气体不可温度过高，遇空气能够自燃，遇水剧烈反应生成盐酸烟雾，吸入后可导致肺水肿等危害，瓶体温度需控制在44℃以下。现场指挥部组织救援力量立即采取措施，更换干粉灭火剂，同时对瓶体进行降温保护，检测组人员将检测仪放置在安全位置进行实时监测，并通过热成像仪监测瓶体温度，当瓶体温度降到28℃时，检测组通知厂家进行专业置换处置，通过近3h的置换处置，17时30分，最后一个危险化学品气瓶处置完毕，现场共清理出不同种类、不同规格气瓶757只。

四、救援启示

（一）经验总结

① 充分发挥无人化装备的优势作用。本次事故救援人员没有盲目进入现场，充分利用无人机进行现场侦察，并绘制出平面图，为后续的处置提供参考，利用消防灭火机器人对现场实施灭火、驱散、稀释任务。

② 事故现场洗消流程完整，从洗消建立后，每天人员的统计；洗消工作量；进、出入人员，车辆的洗消、检查登记；提示板标注人员类别、数量等记录清晰，每天一统计。

③ 统筹移动充气车的使用，保障现场人员气源充足。本次事故空气呼吸器使用量很大，现场救援队伍对空气呼吸器气瓶的使用无界限，不分队伍、不分单位，相互配合，每个单位有一名专人负责空气呼吸器的统计，对气瓶使用数量、充气数量进行统计，同时对面罩进行简单消杀。

④ 事故现场配有宿营车、供油车、宿营帐篷、照明发电车等，后勤保障较好。

（二）存在问题

① 轻、重型防化服的储备数量不足，不能满足危化泄漏事故高强度现场应急处置的使用需求。

② 当发生气体泄漏事故时，应根据实际情况调用洗消、充气等装备到场。

（三）改进建议

① 配置新型防护装备，如新型消防腰带、新型腰斧等。同时加强新型装备熟悉使用，做到掌握性能，熟练操作，发挥出装备最大作用。

② 做好洗消、充气等装备的战斗编组编成，并加强日常拉动训练，提高应急情况下的出动速度。

2020年"隆庆1"轮与"宁高鹏688"轮"8·20"碰撞事故

国家危险化学品应急救援中化舟山队

2020年8月20日3时38分30秒，锦州某船务有限公司所有油船"隆庆1"轮与陈某国个体所有内河干货船"宁高鹏688"轮在长江口灯船东南约1.5海里（1海里＝1852米）处（概位31°05′56″N/122°33′43″E）发生碰撞。事故造成"隆庆1"轮4号货舱（右）船体破损、舱内货物（含异辛烷成分的烷烃类混合物）泄漏并发生爆炸、燃烧，火势迅速蔓延至全船，船上14名船员中1人获救、12人死亡（9人烧死、3人溺亡）、1人失踪；"宁高鹏688"轮船首和前货舱破损进水，船舶沉没，船上3名船员中2人获救、1人失踪。

一、基本情况

（一）事故单位概况

1."隆庆1"轮

"隆庆1"轮所有人为锦州某船务有限公司，该公司经营范围为船舶租赁、船舶配件、化工产品（除危险品）、钢材、水泥销售。"隆庆1"轮经营人为平潭综合实验区某船务有限责任公司，该公司持有交通运输部于2020年5月22日签发的国内水路运输经营许可证，经营范围为国内沿海省际成品油船运输，有效期至2024年6月30日。

"隆庆1"轮管理人为福建宁某运集团有限公司，持有福州海事局于2019年11月15日签发的符合证明证书，编号07A154，有效期至2024年11月14日，覆盖船舶种类为油船。公司有岸基人员6人，共管理船舶5艘（均为代管船舶）。

2."宁高鹏688"轮

"宁高鹏688"轮所有人为陈某国个人，江苏人。2019年12月4日，该轮原经营人南京某运输有限公司与陈某国解除船舶经营租赁协议（光租协议）；2019年12月9日，南京市航运管理处注销该轮船舶营业运输证。

（二）事故发生经过

"隆庆1"轮当值驾驶人员在事故中失踪。本起事故经过是根据"隆庆1"轮和"宁高鹏688"轮获救人员的陈述、两轮AIS航迹数据记录、旁证船舶VDR数据以及吴淞VTS监控数据资料等综合分析得出的。

1."隆庆1"轮

2020年8月19日约16时，"隆庆1"轮从浙江省宁波青峙化工码头开航，共装载货物（含异辛烷成分的烷烃类混合物）2958.95t，目的港辽宁省盘锦港，船首吃水5.70m、船尾吃水5.70m。

20日约2时10分，"隆庆1"轮进入长江口船舶定线制南报告线。吴淞VTS呼叫"隆庆1"轮注意左侧的"顺德利1"轮。

约2时13分，"隆庆1"轮船位30°54′33″N/122°31′78″E，航向约358°。吴淞VTS第二次呼叫"隆庆1"轮，询问目的港和载货情况，"隆庆1"轮予以回答。吴淞VTS提醒"隆庆1"轮谨慎驾驶，注意避让渔船和黄砂船。

约2时16分，"隆庆1"轮抵达长江口船舶定线制B警戒区附近，船位30°55′77″N/122°33′46″E，航向约358°，航速约9.2节（1节=1.852km/h）。

约2时57分，"隆庆1"轮船位30°59′93″N/122°32′90″E，位于长江口定线制B警戒区内，航向约357°，航速约7.8节。

约3时10分，"隆庆1"轮船位31°01′96″N/122°32′84″E，位于C2通航分道内，航向约000°，航速约8.1节。此时，C2通航分道东侧水域有较密集的北上内河船航行船队，"宁高鹏688"轮处于北上内河船航行船队中；"隆庆1"轮位于"宁高鹏688"轮左正横后约72°、距离约2.18海里处，船速比"宁高鹏688"轮快约4节。

约3时20分，"隆庆1"轮沿C2通航分道北上航行，船位31°03′11″N/122°32′85″E，航向约004°，航速约8.2节。此时，"隆庆1"轮位于"宁高鹏688"轮左正横后约65°、距离约1.55海里处。

约3时30分，"隆庆1"轮沿C2通航分道北上航行，船位31°04′49″N/122°32′97″E，航向约008°，航速约8.2节。此时，"隆庆1"轮位于"宁高鹏688"轮左正横后约52°、距离约0.8海里处。

约3时33分，"隆庆1"轮与右侧水域结队北上航行的涉海运输内河船距离进一步接近。此时，吴淞VTS第三次呼叫"隆庆1"轮，提醒其右舷有大量黄砂船，注意安全避让；"隆庆1"轮回答"收到"。

约3时35分，"隆庆1"轮进入长江口A警戒区航行，船位31°05′27″N/122°

33′11″E，航向约009°，船速约8.6节，位于"宁高鹏688"轮左正横后约25.5°、距离约0.32海里处。此时，在"隆庆1"轮右侧结队航行的涉海运输内河船进入A警戒区后，陆续依次向左调整航向，计划驶往长江北港水域。

约3时37分，"隆庆1"轮船位31°05′30″N/122°33′09″E，航向约029°，船速约9.2节，与其船首前方正向左调整航向的涉海运输内河船船队距离约0.2海里，于是采取大幅度右转避让行动。此时，"宁高鹏688"轮位于"隆庆1"轮右正横、距离约0.22海里处。吴淞VTS第四次呼叫"隆庆1"轮，提醒其注意避让，但"隆庆1"轮未应答。

3时38分30秒，该轮在右转中船体横于"宁高鹏688"轮的船首，其右舷中后部4号货油舱与"宁高鹏688"轮船首发生碰撞并爆炸燃烧，碰撞位置（概位）31°05′56″N/122°33′43″E。

2．"宁高鹏688"轮

2020年8月17日约22时，"宁高鹏688"轮从闽江口西犬岛附近水域开航，共装载黄砂约5100t，计划进入长江卸货。该轮共2个货舱，无舱盖。该轮出长江口入海前关闭了显示真实船名的AIS设备，开启另一套显示虚假船名"SHUNDA11"的AIS设备。

2020年8月20日约1时26分，"宁高鹏688"轮与20～30艘涉海运输内河船结队航行进入长江口定线制水域北上航行，航向约005°，船速约5.7节。大副陈某国1人在驾驶室操纵船舶航行，轮机员陈某元和水手陈某平在休息。

约3时05分，吴淞VTS提醒内河船队中AIS显示为"HAIQING3"的船舶注意避让出口大船。

约3时10分，"宁高鹏688"轮继续跟随船队北上航行，船位31°03′87″N/122°33′60″E，航向约004°，航速约4.4节。

约3时20分，"宁高鹏688"轮继续跟随船队北上航行，船位31°04′52″N/122°33′61″E，航向350°，航速约3.7节。

约3时24分，吴淞VTS提醒内河船队中AIS显示为"HONGYUN9"的船舶注意避让出口外轮。

约3时25分，"宁高鹏688"轮继续跟随船队北上航行，船位31°04′85″N/122°33′66″E，航向007°，航速约4.2节。

约3时29分，吴淞VTS提醒内河船队中AIS显示为"BAOSHUN11"的船舶注意避让左侧外轮。

约3时30分，"宁高鹏688"轮进入长江口A警戒区南侧界线，船位

31°05′13″N/122°33′54″E，航向约348°，船速3.1节。该轮拟随着船队向左斜插穿越长江口A警戒区，驶往长江北港水域，与前船保持约200m间距。此时，"隆庆1"轮在其左后方约52°、距离约0.8海里。

约3时37分，"宁高鹏688"轮船位31°05′48″N/122°33′43″E，航向约343°，船速约3.3节。值班大副发现其左侧的"隆庆1"轮距离较近（约0.22海里），并突然开始向右大幅度转向，船身横在本船船首的进路上，判断其动态是要从本船和前船之间的空档水域通过。

约3时38分，大副立即采取左满舵和加车（主机转速从500转/min提高到700转/min）避让措施，拟加速左转从"隆庆1"轮船尾通过。

3时38分30秒，"宁高鹏688"轮船首与"隆庆1"轮右舷中后部4号货油舱发生碰撞，碰撞位置31°05′56″N/122°33′43″E。

碰撞后发生爆炸，"宁高鹏688"轮船首插入"隆庆1"轮右舷4号货油舱，舱内货物泄漏至"宁高鹏688"轮船首并燃烧，"宁高鹏688"轮倒车脱开，轮机员立即赶往船首灭火，灭火时发生二次爆炸，将轮机员炸伤。"宁高鹏688"轮首货舱开始进水下沉。大副感觉"宁高鹏688"轮有沉没危险，立即驾驶救生艇朝浅水区域行驶。

约4时50分，"宁高鹏688"轮进水后沉没，沉没概位31°5′21″N/122°33′91″E。轮机员因腿部受伤失去自救能力，随船沉没失踪。

二、事故原因及性质

（一）直接原因

1."隆庆1"轮

① 未履行追越船义务，避让行动不当。事故发生前，"隆庆1"轮在"宁高鹏688"轮左舷正横后大于22.50°方向上赶上"宁高鹏688"轮。"隆庆1"轮为了避让转向进入北港而横越本船船首的内河船时，采取了大幅度右转避让措施，船体横于"宁高鹏688"轮船首方向，并与"宁高鹏688"轮构成紧迫危险局面进而发生碰撞。"隆庆1"轮的行为违反了《1972年国际海上避碰规则》第八条第3款、第十三条第1款以及第十六条的规定。

② 瞭望疏忽，对碰撞危险估计不足。约3时10分，结队航行的涉海运输内河船正沿C通航分道外侧水域结队北上航行。"隆庆1"轮在航行时未对密集的内河船船队左转进入北港的动态进行充分的评估和预判，对碰撞危险估计不足。"隆庆1"轮的行为违反了《1972年国际海上避碰规则》第五条的规定。

③ 未使用安全航速。"隆庆1"轮在长江口定线制C通航分道航行时航速一直保持在8～9节，在正前方有大量涉海内河船影响本船正常航行时没有采取减速措施。"隆庆1"轮的行为违反了《1972年国际海上避碰规则》第六条的规定。

2."宁高鹏688"轮

① 瞭望疏忽。"宁高鹏688"轮在航行过程中只知跟随同行的前船航行，对本船附近航行的其他海船未予以关注，未及早发现正在追越本船的"隆庆1"轮。"宁高鹏688"轮的行为违反了《1972年国际海上避碰规则》第五条的规定。

② 未采取最有助于避免碰撞的行动。"宁高鹏688"轮在碰撞发生前约1min采取了左满舵并加车的避让措施，从避让效果上缩短了碰撞时间并增大了碰撞角度和碰撞力度。"宁高鹏688"轮的行为违反了《1972年国际海上避碰规则》第十七条第2款的规定。

（二）间接原因

① "宁高鹏688"轮非法从事海上运输时，其航行水域超出了船上聘任船员所持适任证书的服务区域。负责驾驶值班的大副持有内河一类大副证书，不具备在海上航行值班、操纵的知识技能。

② 通航环境复杂。事故发生时段，该水域内有较多涉海运输内河船舶结队沿C通航分道外侧水域北上航行，对船舶航行安全造成影响。

（三）事故性质

本起事故是两艘在航机动船在能见度良好的定线制水域内发生的互有责任的水上交通事故。"隆庆1"轮违反了《1972年国际海上避碰规则》第五条、第六条、第八条第3款、第十三条第1款以及第十六条的规定；被追越船"宁高鹏688"轮违反了《1972年国际海上避碰规则》第五条以及第十七条第2款的规定。

基于事故双方的过失对本起碰撞事故发生所起的作用及过错程度，本起事故责任判定如下："隆庆1"轮承担碰撞事故的主要责任，"宁高鹏688"轮承担碰撞事故的次要责任。

三、应急救援情况

（一）救援总体情况

2020年8月20日3时39分，吴淞VTS接报在长江口灯船附近有船舶失火，经核实为油船"隆庆1"轮与"SHUNDA11"轮（真实船名为"宁高鹏688"轮）在长江口灯船东南约1.5海里处发生碰撞，"隆庆1"轮甲板起火，"SHUNDA11"轮进水下沉，船员状况不明。吴淞VTS立即将相关情况报上海海上搜救中心。

上海海上搜救中心立即启动应急预案，迅速将事故情况报上海市政府、中国海上搜救指挥中心。交通运输部、上海市领导高度重视，分别作出重要部署。交通运输部领导指示，要把人命搜救作为首要任务，关注"隆庆1"轮船体状态，做好现场警戒，防止次生事故发生，在上海市委、市政府领导下做好信息公开等有关工作，指示立即启动应急预案，加强现场指挥协调，全力开展搜救和灭火工作，尽最大努力保障人员和物资安全，并严防次生灾害发生；市领导指示，集中力量做好应急处置。

上海海上搜救中心严格落实交通运输部、上海市领导要求，全力组织做好现场应急处置：一是指定"海巡012"轮承担现场指挥职责，组织现场力量做好遇险人员搜救工作；二是全力组织调度救援力量，调派"海巡01"轮、海事固定翼飞机、救助直升机等力量赶赴现场；三是划定现场警戒区域，协调设置沉船AIS虚拟应急示位标，密切观察"隆庆1"轮船体状态，严防发生次生事故；四是对接有关部门全力做好伤病人员救助、舆情应对等工作。

3时46分，"海巡012"轮从长江口应急值守点驶往事故地点。

4时50分，"海巡012"轮、"东海救101"轮抵达事故现场开展搜救，"海巡012"轮承担现场指挥职责。

5时15分，"东海救101"轮救起"SHUNDA11"轮1名遇险人员陈某国。

5时30分，东海航海保障中心设置沉船虚拟标。

5时50分，救助直升机起飞，"东海救102"轮从绿华山锚地前往现场。

6时，"东海救101"轮救起2人，分别为"SHUNDA11"轮船员陈某平和"隆庆1"轮船员周某文。

6时24分，"海巡01"轮前往现场。

6时35分，海事固定翼飞机起飞，7时10分抵达现场搜寻。

7时，救助直升机携1名受伤获救人员返回高东机场。经与获救人员核实，AIS显示为"SHUNDA11"的装运黄砂的内河船登记船名为"宁高鹏688"。

7时10分，海事固定翼飞机抵达搜寻现场。

9时，两架警用航空直升机起飞前往现场。

9时20分，"海巡01"轮抵达现场，接替"海巡012"轮承担现场指挥职责。

11时55分，交通运输部领导针对"宁高鹏688"轮与"隆庆1"轮碰撞事故应急处置工作作出重要部署，要求各有关单位按照现有部署和应急预案全力做好以下工作：一是抓紧组织好失踪人员搜救工作，做好伤员救治和善后工作；二是科学施救，及时调整警戒线布置，密切关注难船动态，防止各类次生灾害，确保救助力量和航行安全；三是继续做好信息公开和舆情引导工作；四是做好人员保障和物资调配工作。市领导分别视频连线上海海上搜救中心，部署有关现场搜救工作。上海海上搜救指挥中心按照部领导、市领导要求，全力抓好相关工作的落实，进一步扩大搜寻范围，加大搜寻力度，协调东海预报中心提供最新漂流轨迹，优化现场搜寻力量安排。

16时20分，"东海救102"轮装载30t泡沫，离泊前往现场。

16时40分，上海海上搜救指挥中心组织实施扩大警戒区域和灭火作业，吴淞VTS中心和现场力量配合，将警戒区域范围扩大至难船周边3海里，组织"中化应急"轮、"沪消5"轮实施泡沫饱和攻击灭火。

17时39分，交通运输部领导与上海海上搜救中心视频连线，在加强人员搜救、科学施策灭火、防止次生灾害、监测大气污染、加强指挥工作、做好舆情应对等六方面作出重要部署。

18时，市有关领导再度到上海海上搜救中心现场进行指挥调度。

18时10分，"中化应急"轮和"沪消5"轮装载泡沫全部耗尽，现场指挥部决定，2艘消防船后撤至难船5海里以外。

20时，"东海救102"轮返抵现场，并于20时15分再次尝试泡沫饱和攻击灭火，因灭火效果不明显，20时55分暂停作业。

21时，上海海上搜救中心组织召开专家咨询会，听取了消防、危化品、船级社等专家意见，根据现场作业情况提出了"先持续降温，再集中灭火"的灭火方案。

21日4时40分，"沪消5"轮装载泡沫30t离开外高桥码头前往现场。

5时，"中化应急"轮装载泡沫45t离开洋山四期码头前往现场。

5时15分，"海巡01""东海救101""东海救102"对难船持续喷洒海水降温。

21日上午，交通运输部领导、上海市人民政府领导全程视频指挥调度灭火过程。

10时，"东海救102""中化应急""沪消5"对"隆庆1"轮集中实施泡沫饱和攻击灭火。

10时55分，"隆庆1"轮船上已无明火，现场继续喷洒泡沫，待泡沫耗尽后喷洒海水降温。

13时30分，上海海上搜救中心组织召开搜救应急处置行动阶段评估会，传达交通运输部领导要求，总结前一阶段处置工作，分析研判当前形势，研究下一步登轮搜寻、应急拖带、存油过驳的工作方案。明确在确保安全的前提下，由东海救助局具体实施登轮搜寻和应急拖带。

16时，上海海上搜救中心组织召开专家评估会，对登轮搜救遇险人员的救助方案进行评估，提出了相关意见，一致认可救助方案。

18时05分，东海救助局4名应急队员通过"东海救101"轮吊篮登上难船，分两组分别对生活区和驾驶台开展搜寻。应急队员在难船甲板上发现6具遗体。

18时27分，4名应急队员乘小艇安全返回"东海救101"轮。

22日6时54分，东海救助局6名应急队员进入难船舱室搜寻，在难船舱室和甲板发现另2具遗体。

8时48分，8具遗体转移至"东海救102"轮。

9时56分，完成难船带缆作业。

10时34分，"东海救101"轮开始拖带难船前往绿华山南锚地，海事船艇、拖轮、清污船全程伴航。

15时20分，"东海救102"轮靠妥外高桥打捞局码头。

15时38分，8具遇难者遗体交于市民政部门，并送往殡仪馆。

22日夜间，"浙嵊渔06288"轮在长江口水域捞起1具遗体后移交海警，经DNA比对，确认为"隆庆1"轮第9名遇难人员。

截至8月24日10时，搜救行动超过100h，未发现其他失踪人员。上海海上搜救中心按照《海上搜救行动终（中）止专家评估办法（试用）》规定，征求了6位搜救专家意见，决定于8月24日10时终止大规模搜救行动，转入常规搜寻，继续安全信息广播，提醒过往船舶注意搜寻。

8月26日晚间，嵊泗县公安局在黄龙岛水域打捞起2具遗体，经DNA比对，确认其中1具为"隆庆1"轮第10名遇难人员。

8月31日，上海打捞局在完成"隆庆1"轮货舱内剩余货物的过驳后，将"隆庆1"轮拖带至上海打捞局横沙基地码头靠泊。

9月1日上午，上海打捞局再次对"隆庆1"轮船舱内进行搜寻，发现第11具遗体。

9月2日晚间，宁波象山公安局在石浦附近水域发现1具遗体，经DNA比对，确认为"隆庆1"轮第12名遇难人员。其后没有关于遇难人员的相关信息。

12月9日，完成"宁高鹏688"轮清障工作。

（二）国家危险化学品应急救援中化舟山队处置情况

8月20日8时06分，中化舟山队接到调动指令后，立即开启保障船主机备机，在岗人员进入临战状态，按照分工战斗，副班人员召回。特勤装备人员登船，保障船备机结束及时报告岙山海事，请求海事船出警保障，开辟绿色通道快速出警。

8时30分，保障船人员全部到岗，具备出海作战条件。

8时40分，完成缆绳松脱。

8时43分，保障船驶离码头，赶往事故地点，其间保持航速18～22节。

14时20分，到达事故现场，等待进攻命令，执行侦察及落水人员搜救任务。

16时50分，开始发起灭火进攻。第一次进攻中，保障船承担甲板灭火、阻止甲板火灾引发隔舱事故的工作；第二次进攻中，保障船与"沪消5号"消防船协同扑救船舷撕裂火；第三次进攻后火势未见减小，同时泡沫用尽，保障船返回洋山港装载泡沫灭火剂。

8月21日4时，保障船完成泡沫装载，5时，返航至事故地点。

9时13分，到达事故现场后与"沪消5号""东海救101""东海救102"等消防救援船只一起发起总攻，"东海救101"前期负责冷却，"东海救102"负责事故船右侧进攻，"沪消5号"和保障船负责事故船左侧进攻。

10时50分，明火被扑灭，保障船继续用泡沫持续覆盖冷却，直至泡沫全部打完，之后改为用水持续冷却。冷却过程中一直用无人机进行搜救任务。

19时，接到撤退指令后撤离。

四、救援启示

（一）经验总结

本次救援，充分检验了中化舟山队海上危化品船只火灾事故应急处置专业救援能力，陆海联勤联训联战模式得到了有效验证，队伍所配备的大型先进海上应急救援装备在事故处置中发挥了关键作用，避免了海上严重的次生灾害发生。主要有以下几个方面的经验。

① 陆海联勤联动，提升救援能力。中化舟山队所列装的"中化应急"轮，配备充足的职业船员，实行24h值班备勤模式，与陆地救援力量配合，日常开展陆海联勤联训，建立陆海联勤联动应急救援预案。在本次救援中，中化舟山

队在接到指令后，相关人员迅速按出警预案集合、清点装备，各职能有序领取任务、快速开展各项工作。在0.5h内完成备车，具备出动条件。

② 先进装备适用，发挥突出作用。保障船配备的两门大流量消防炮（流量38000L/min）远超大部分消防船只，同时可携带大量泡沫液，可直接在海面形成作战平台。在此次火灾扑救中，大流量消防炮发挥了关键作用，大流量灭火药剂喷射，对船体进行有效降温，有效压制事故船只火势发展。

③ 安全风险控制，保障自身救援安全。面对爆燃和船只断裂的风险，中化舟山队在研判后选择了事故船只左舷作为灭火阵地，此位置既能有效射击着火点，又能在紧急情况下迅速撤离至安全区域。

④ 数字化系统运用，提升救援效能。中化舟山队利用自主研发的"易目视"指挥系统实现参战人员和后方的联系，在前方人员处置火灾的同时，后方技术人员和指挥人员为应急处置提供相应技术支持，有效提升了现场救援效能。

⑤ 编制应急计划，提升自身应急能力。海上救援不同于陆地救援，大型救援船舶因海况复杂，灵活性、机动性较差，救援人员有意外坠海风险，危化品船舶突然燃爆可能导致救援船舶翻船沉海。因此，必须编制救援过程中突发事件的应急计划，针对如人员受伤、坠海、船失动力、紧急撤离、逃生路线及方案等情况提前制定应急措施，一旦出现意外情况，救援人员和救援船舶自身安全可以得到安全保障，意外受伤人员能够得到紧急妥善救治，避免因施救而导致自身发生衍生事故。

（二）存在问题

① 保障船随船携带的消防泡沫数量有限，难以满足长时间灭火作战的需要。

② 应急处置标准化流程不明确。海上危化品事故应急救援在国内仍属于新课题，尚未形成一套自上而下明确的工作标准化流程，在指挥权的确立、救援流程、风险识别与规避、部门间信息汇聚与融通等方面仍存在不足，严重影响应急救援体系发挥应有的快速反应优势。

③ 缺乏海上救援实训基地。当前，国内缺乏海上救援实训基地，尤其是海上危化品船只实训场地，使得海上救援尤其是内攻救援经验不足、方法欠缺。救援队平时演练多针对地面火灾，即使是专业的海上救援队，在日常训练及实战中，也多采用远攻、外攻的灭火方式，内攻、强攻的做法少、经验不足。

（三）改进建议

① 改进泡沫供给措施，使用重型泡沫车随船出动的方式对保障船的泡沫进行补给。

② 构建完整工作流程制度体系。全面梳理海上应急救援各应急管理机构与部门相关职能，完善配套制度，制定完整顺畅工作流程，构建分工明晰、运转高效的协调配合机制。

③ 打造专业的海上救援实训基地。真实模拟海上火灾场景，建设外攻、内攻实训场地，加强应急实战演练，不断提升指战员心理素质和实战技能。

2021年某化工贸易公司"6·12"较大中毒和窒息事故

国家危险化学品应急救援贵州磷化队

2021年6月12日0时10分，某化工贸易公司租赁的生产、储存危险化学品作业场所，在运输罐车卸料过程中发生甲酸甲酯混合液挥发蒸气泄漏中毒和窒息较大事故，造成9人死亡、3人受伤，直接经济损失1084万元。

一、基本情况

（一）事故单位概况

2015年5月27日，某化工贸易公司在原南明区工商局登记注册，经营范围为：批发油漆、稀释剂、二甲苯、甲缩醛、工业酒精。2018年2月，张某租用丰报云村三组39号、40号民房建筑负一层和东朝向门前露天院坝场地，改建为某化工贸易公司生产稀释剂（俗称"香蕉水"）及储存危险化学品物料的作业场所，持续生产、储存至事故发生。

（二）事故现场情况

2021年6月11日，有6名从业人员在某化工贸易公司位于丰报云村三组的生产、储存场所，事发前有4名从业人员正在院坝储存场所进行危险化学品的卸载作业。

（三）事故发生经过

2021年6月11日中午，某化工贸易公司在位于丰报云村的生产、存储作业场所安排公司员工陆某某、何某某、张某、蒲某某4人将院坝里面1号储罐与运输罐车停车位置之间的卸料软管连接好，将卸料软管一端直接插入1号卧式储罐顶部人孔。21时，张某、蒲某某2人回40号房屋负一层房间睡觉。23时，李某某驾驶一辆黑色轿车到该生产、存储场所。23时5分，张某某驾驶运输罐车开始从丰报云村通村公路路口驶入。23时13分，运输罐车倒车到丰报云村39号、40号民房门口院坝前。23时23分，张某、李某某、陆某某、何某某4人走到运输罐车车尾部位，运输罐车的从业人员张某某、刘某某2人从驾驶室下车。23时40分，在陆某某、何某某的帮忙下，刘某某垫好密封垫片，张某某将卸料软管另一端与运输罐车液相快装接头对接牢固，并打开运输罐车液相阀阀门开始卸载罐体内甲酸甲酯混合液，张某某、刘某某便回运输罐车驾驶室休息。

1～2min后，张某、李某某、陆某某、何某某4人发现1号储罐顶部人孔口有白雾状气体冒出，张某、李某某用一个塑料杯装来用鼻子闻，未发现异常，便扔掉杯子不予理会并继续卸载。在卸载甲酸甲酯混合液过程中，张某某、刘某某2人在运输罐车驾驶室内休息，陆某某、何某某2人在运输罐车和1号储罐之间，张某、李某某2人在运输罐车车尾附近。卸载约10min后，整个院坝就像起雾一样，居住在隔壁丰报云村三组41号民房内的王某某从屋里出来走到运输罐车车尾部位对张某、李某某2人说："赶紧关了，气味太重了，人受不了"，张某答复："快了，忍耐一下，还有十多分钟就放完了"，并没有关闭运输罐车液相阀阀门。王某某见张某、李某某2人不关闭运输罐车液相阀阀门，便往41号民房方向走回去。

2021年6月12日0时02分，王某某在离开运输罐车车尾大约7.8m的地方倒地昏迷；张某、李某某2人发现后走过去查看情况，并叫喊陆某某去关闭运输罐车液相阀阀门，陆某某将运输罐车阀门关闭好后，在驾驶室内休息的张某某听到车外喊声便从驾驶室下来往张某、李某某、王某某3人所在位置方向走过去。0时06分，正在试图将王某某拖离现场的张某、李某某2人相继倒地昏迷，接着刚走到何某某附近的张某某也跟着倒地昏迷。

二、事故原因及性质

（一）直接原因

未经危险化学品生产、储存许可的某化工贸易公司作业点6名作业人员违规作业，将卸料软管一端连接至运输罐车阀门，另一端直接插入危险化学品储罐顶部人孔进行敞开式卸料，卸入储罐内的甲酸甲酯混合液挥发蒸气从顶部人孔逸出并在地势低洼、窝风的作业现场沉积扩散，致使现场作业人员和相邻民宅人员中毒和窒息死亡。

（二）间接原因

未经许可，非法生产、储存、经营、运输、装卸危险化学品，作业场所及设施设备不具备安全生产条件，安全管理混乱，有关单位不正确履行工作职责。

（三）事故性质

该起事故是一起因非法生产、储存危险化学品，违规卸料导致甲酸甲酯混合液挥发蒸气泄漏，引发人员中毒和窒息伤亡的较大生产安全责任事故。

三、应急救援情况

（一）救援总体情况

1. 应急救援工作情况

2021年6月12日0时12分，贵阳市公安局经开区分局接到报警电话，迅速安排救援力量赶往事故现场开展处置工作，并立即向贵阳经开区工管委、贵阳市公安局和贵阳市花溪区委政法委等报告。0时22分，贵阳市消防救援支队指挥中心接到贵阳市公安局经开区分局报警后，立即启动危化品事故处置预案，第一时间调集救援力量前往处置。0时33分，120救护车到达事故现场。0时36分，小孟派出所和贵阳经开区消防救援大队金戈路消防救援站救援力量同时到达事故现场。0时37分，贵阳市公安局经开区分局巡特警救援力量到达事故现场。0时40分，贵阳经开区消防救援大队富源中路消防站救援力量到达事故现场。1时10分，贵阳市消防救援支队全勤指挥部到达事故现场。1时18分，贵阳市消防救援支队特勤大队危化品事故处置专业队增援力量到达事故现场。应急救援过程中，消防救援力量共投入消防车25辆、救援人员89人，公安机关共出动救援车辆60辆、警力110人，现场救援力量组织了3个攻坚组，于6月12日0时41分至0时55分搜救出11人。6月13日上午，搜寻到最后1名死亡人员，经全面排查，未再发现其他伤亡和失联人员。

2. 现场处置工作情况

2021年6月12日上午，现场指挥部召开会议就现场存留的甲酸甲酯混合液等危险化学品废液、废弃物处置情况进行安排部署，委托具有危化品处置资质的公司对事发现场进行全面评估，并做好其余储罐、料桶等转移和处置工作。6月13日，将涉事运输罐车（罐体存有原液20t）转移到处置场地。截至6月21日，事故现场化工原料及其包装物、固定式储罐及储存介质等物料、设备，已全部妥善转移并按照危险废物处置流程进行处理。事故发生当日疏散的周边居民返回家中正常生活。

（二）国家危险化学品应急救援贵州磷化队处置情况

2021年6月14日15时，由贵州省应急管理厅调派，贵州磷化队出动1辆通勤指挥车、4名指战员赶赴贵阳市经开区事发地。到场后，根据现场指挥部指令，2名战斗员进入现场开展侦检，并报送侦检情况，同时参与制定事故处置行动方案。经多方专家研究审核通过处置方案，采取倒罐输转至化工企业的方式处置。

6月15日14时，贵州磷化队根据现场指挥部安排再次调动增援力量，出动1辆抢险救援车、7名指战员赶赴现场参与处置任务。

6月16日至19日贵州磷化队成立处置组，每组2人，陆续有6名队员、2名指挥员进入转罐区开展转罐作业。

第一步：首先对7号罐进行防静电装置接地线、检测罐内液位、氧含量、罐周边氧含量、可燃气体检测。

第二步：围绕人孔处设置防火毯，防止转输金属管插入时产生火花，再放入氮气管进行罐内氮气置换。

第三步：检测罐内氧含量浓度，达安全指标后，插入输泵管至罐内底部输转。

在3天的输转处置操作运行期间，每间隔20min队员进行一次巡察，观察泵运行压力、管道是否正常等，队员每人每天进入罐区检查30多次，检查罐内液位等情况，确保输转作业正常进行。

3天的现场处置顺利完成，共输转7个30m³储罐、2个10m³的储罐部分残余物料，以及100m³的化学物品，并协助完成槽罐车转移至化工厂处置销毁任务。

四、救援启示

（一）经验总结

① 明确指挥体系：在救援过程中，建立了清晰的指挥体系，确保了指令的快速传达和执行。

② 专业培训与准备：救援人员接受了严格的专业培训，确保了对操作程序的熟练掌握；在进入作业区域前，作业人员对现场环境和作业要求有充分了解和准备。

③ 风险意识与作战方案熟悉度：救援人员对现场风险有着清晰认识，并且对作战方案有深入了解和熟悉，在紧急情况下能够快速而准确地响应，确保了救援处置的安全性。

④ 个人防护与安全措施：在高风险作业中，个人防护装备如防化服和空气呼吸器规范使用，并采取了防静电等措施。

⑤ 团队协作及专业素养：在连续3天的输转处置任务中，队员每人每天进出罐区作业超过30次，定期巡察及操作输转泵，确保转输设备安全有效运行。

（二）存在问题

① 对现场作业加工的主要配件管理不规范以致丢失，因重新加工耽误救援

宝贵时间，作业人员对装备器材乱丢乱放。

② 现场处置输转作业过程中，在侦察时对检测仪器的检测性能不够掌握，对输转泵的操作不够熟练，耽误时间。

③ 处置人员在现场处置作业中，人员协调配合存在衔接不够，缺少相关处置经验，对现场风险意识不强。

（三）改进建议

① 定期进行救援技能和知识的培训，模拟演练，以提高救援人员对各种救援场景的应对能力。

② 不断更新应急救援设备，引入新技术、新装备以提高救援效率和安全性。

③ 加强与其他部门和组织的协作，共享资源和信息，提高整体救援能力。

2022年某新材料公司罐车"3·24"充装火灾事故
国家危险化学品应急救援镇海炼化队

2022年3月24日12时40分左右，某新材料公司在充装高沸点芳烃溶剂SA-1800过程中发生罐车火灾事故，造成1人死亡，直接经济损失约288万元。

一、基本情况

（一）事故单位概况

1. 公司概况

① 某新材料公司　主营生产混三甲苯（高沸点芳烃溶剂SA-1000）、混四甲苯（高沸点芳烃溶剂SA-1500）、重芳烃（高沸点芳烃溶剂SA-1800）、低温流动改进剂等。

② 宁波某物流有限公司　系本次事故物料（重芳烃）承运方，2020年4月在宁波市江北区注册成立。

③ 浙江某石化有限公司　系本次事故物料（重芳烃）托运方，2022年1月在宁波市镇海区注册成立。经营范围包括成品油批发（不含危险化学品）、化工产品销售（不含许可类化工产品）、石油制品销售（不含危险化学品）、润滑油销售等。

④ 浙江某石油化工有限公司　系事故车辆前一次运输物料（燃料油）的托运方，2021年12月在舟山市定海区注册成立。经营范围包括石油制品销售（不含危险化学品）、化工产品销售（不含许可类化工产品）、润滑油销售等。

⑤ 宁波某燃料供应有限公司　系事故车辆前一次运输物料（燃料油）的储存方，1994年12月在宁波市镇海区注册成立。经营范围包括闪点在61℃以上的工业燃料油、润滑油、化工原料的批发、零售，普通货物仓储服务，闪点在61℃以上的工业燃料油的调配。

⑥ 浙江自贸试验区某能源有限公司　系事故车辆前一次运输物料（燃料油）的供货方，2019年10月在舟山市定海区注册成立。经营范围包括燃料油、汽油、乙醇汽油等的批发、零售。2021年12月起，浙江自贸区某能源有限公司租用丰某燃料公司的部分储罐储存并经营燃料油业务。

2. 事故车辆情况

事故车辆为重型罐式半挂车，普货车辆，核定装载量34t，宁波某物流有限公司于2021年12月从建德市某预制构件厂二手购买；车辆在办理营运证时按照交通运输部门要求安装有深圳某科技公司生产的卫星定位装置（3月份轨迹记录不完整），企业同时另行加装了一套安智连定位系统。驾驶员：许某某，男，汉族，37岁，安徽凤阳人。

3. 事故车辆前期运载及物料情况

2022年3月21日，宁波某物流有限公司受某石化公司委托，承运从宁波（某新材料公司）到福建宁德的重芳烃运输业务；宁波某物流有限公司安排事故车辆落实该笔业务。

3月23日，宁波某物流有限公司受浙江某石油化工有限公司委托，承运从宁波（某燃料供应有限公司）到浙江东阳的燃料油运输业务；宁波某物流有限公司安排事故车辆落实该笔业务。

事故调查组对上述两种化工品的闪点等理化性质进行了委托抽样检测，技术参数如下。

化工品闪点检测情况

项次	品名	检测闪点/℃	采样点	采样日期	检测单位
1	重芳烃	76.5	某新材料有限公司5205罐	4月13日	某检测机构
2	燃料油	76	丰某燃料公司201罐	3月26日	某检测机构

燃料油馏程数据

采样日期	2022-03-25
样品编号	380322030348R1
样品名称	燃料油
初馏点/℃	203.3
10%馏出温度/℃	234.2
30%馏出温度/℃	265.7
50%馏出温度/℃	291.5
70%馏出温度/℃	312.4
90%馏出温度/℃	340.6
95%馏出温度/℃	355.8
终馏点/℃	365.2
闪点（闭口）/℃	92.0

燃料油可燃气数据

采样日期	2022-03-26
样品名称	丰某燃料公司201罐燃料油
可燃气/%LEL（爆炸下限）	<1（罐顶深约2m）

根据《危险货物道路运输规则 第3部分：品名及运输要求索引》（JT/T 617.3—2018）中明确，闪点不高于100℃的瓦斯油或柴油或轻质燃料油，被列入道路运输危险货物一览表（联合国编号1202）。因此，3月23日事故车辆装运的燃料油属于危险货物。依照《危险货物道路运输安全管理办法》要求，列入道路运输危险货物一览表的危险货物在运输环节，应按照危险货物进行管理，相关企业、车辆和人员需分别取得道路危险货物运输许可证、道路运输证和从业资格证方可运输。

4. 企业装车台、装车回转场地及罐顶充装设计情况

某新材料公司储罐及装车设施于2011年完成设计，2012年投用。装车台框架示意图如下。

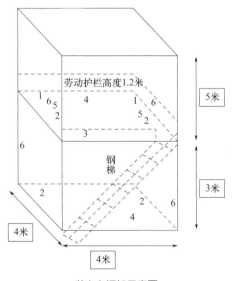

装车台框架示意图

1—切断阀；2—装车鹤管；3—自动定量灌装系统；4—固定式可燃气体报警仪；5—流量计；6—静电释放夹

装车台共设4处静电接地夹，均带有声光警报功能；分别设置在一层东南角的立柱、一层西北角立柱、二层东侧鹤管支架、二层西侧鹤管支架。

① 装车台情况如下。

装车台与周边设施安全间距一览表

项次	装车区	实际间距/m	规范间距/m	是否满足规范
1	与循环水场（凉水塔）	52.39	30	是
2	与仓库	26.59	18.75	是
3	与产品泵区	16.07	10	是

装车台与周边设施的安全间距满足《石油化工企业设计防火规范》（GB 50160—2008）相关要求。

② 装车回转场地情况。根据装车车辆规格及车库建筑设计规范，车辆行驶流线转弯半径不小于12m，企业场地满足车辆行驶要求。

③ 根据《石油化工企业设计防火规范》（GB 50160—2008）6.4.2第六条规定"甲B、乙、丙A类液体的装卸车应采用液下装卸车鹤管"。企业重芳烃产品属于丙A类液体，装车台设计采用顶部装车，装车时鹤管伸入液下，满足规范要求。某新材料公司《储运单元安全操作规程》2.4.3规定装卸注意事项"初始流速不得大于1 m/s，当入口管浸没20cm可提高流速，但最大不得超过3m/s"。

（二）事故发生经过

2022年3月24日，宁波某物流有限公司受浙江某石化有限公司委托承运重芳烃的运输业务。据定位行程轨迹记录，事故车辆于3月24日上午6时14分从宁波北仑区某机床附件厂附近出发，6时43分到达北仑区宁波某车辆检测有限公司进行车辆检测，11时39分检测结束，12时34分许到达某新材料公司装运物料。车辆经登记、过磅后进入某新材料公司。

现场监控显示，12时34分50秒装卸工何某某（死者）引导司机将事故车辆开至装卸区。12时35分20秒，何某某在装卸台二层平台将鹤管插入运输车辆罐体尾部上方进料口，未进行静电接地操作，12时36分30秒离开装卸台到马路对面启动离心泵输送物料，12时39分开泵完毕回到装卸台二层平台，12时40分58秒事故车辆装料口与鹤管连接处发生燃爆，喷洒出来的物料迅速点燃形成明火，并将在装卸台二层平台上将何某某点燃，12时41分05秒何某某从装卸台二层平台跌落地面。

事故发生约2min后，监控显示装卸员姚某某到达现场，欲对何某某实施救援，将其向外拖行约2m，因现场火势及浓烟较大遂放弃救援。12时56分，消防部门到达现场实施救援，13时31分明火被扑灭。经现场搜救，确认何某某已无生命体征。

二、事故原因及性质

（一）直接原因

事故槽罐车存在燃料油与重芳烃混装情况。事故当天充装作业时，重芳烃挥发出的低沸点组分与槽罐内残留的燃料油蒸汽混合后与空气形成了易燃爆混合气体，遇静电发生燃爆。

（二）间接原因

① 某新材料公司安全生产主体责任落实不到位，未及时发现充装环节员工违规作业行为；编制的《装卸作业安全操作规程》中充装环节初始流速控制的可操作不强。

② 某新材料公司装卸作业人员未严格落实安全操作规程。充装作业前，装卸工何某某未根据公司《装卸作业安全操作规程》逐项进行安全条件检查；未按照作业规定进行静电接地疏导；充装泵启用过程中未按照作业规定操作，液体充装初始流速过大，导致静电积聚。作业班长吴某某脱岗，未履行装卸作业确认职责。

③ 某物流有限公司在开展运输业务时，违规使用普通货车装运危险货物；某石化有限公司对燃料油相关业务的安全管理缺位，委托无资质单位装运危险货物；某燃料供应有限公司、某能源有限公司对承运单位违规使用普通货车装运危险货物的情况失察。

（三）事故性质

经调查认定，某新材料公司罐车"3·24"充装火灾事故是一起道路交通领域的生产安全责任事故。

三、应急救援情况

（一）救援总体情况

2022年3月24日12时48分左右，宁波市消防救援支队119指挥中心接到事故警情。12时56分，消防救援人员到达现场实施救援，13时31分明火被扑灭。

因事故类型为危化品火灾爆炸，周边布置有化学品储罐、仓库和管廊，火势较大，情况较严重。宁波市消防救援支队119指挥中心接到事故警情后立即通知镇海炼化队增援。市消防救援支队牵头在现场成立指挥部，现场指挥部成员由市消防救援支队、应急局、化工园区管委会、镇海炼化队等单位人员组成。市消防救援支队与镇海炼化队指挥员根据现场情况研讨商定救援方案，充分发挥专业救援力量，及时控制住了火势蔓延，避免了更多人员伤亡和财产损失，未发生次生事故。

（二）国家危险化学品应急救援镇海炼化队处置情况

2022年3月24日12时55分，镇海炼化队出动3台大功率泡沫消防车和23名消防指战员赶赴现场。

1. 勘察现场情况，确定处置方案

13时08分，镇海炼化队到达事故现场，现场黑烟滚滚，并伴有大面积流淌火，初步估计过火面积已达700㎡，火焰高度达20m左右。

指挥员立即组织人员进行火情侦察，并与事故单位技术员对接了解情况，确认是1台已装载8t的混三甲苯油槽车在装料过程中发生闪爆，装车台也被引燃，火势猛烈。此刻着火槽车北侧7m处有一座2层仓库，西侧15m处上空架设有管廊，东侧10m处停有1台刚卸完料的容积30m³芳烃槽车（车子未被破坏，整车被高温炙烤），最危险的是南侧5m处停有1台满载30m³芳烃的槽车等待卸料（车头已燃烧，罐体受火势包围），同时南侧15m处是装卸物料的中间罐区（18个容积300～500m³的芳烃罐）和泵区，受高温炙烤，随时有爆炸的危险，情况十分危急。根据现场情况，指挥员迅速命令泡沫原液补给车和1辆大功率泡沫消防车赶往现场增援。

2. 泡沫冷却覆盖，遏制爆炸及火势蔓延

指挥员首先命令现场的3辆泡沫消防车分别在着火位置的西侧、东北侧、东南侧各布置1门大流量移动炮（75L/S混合液）向装卸台和2辆着火的槽罐车喷射泡沫覆盖灭火。同时协调已到场的宁波消防救援支队2台灭火机器人，向着火部位南侧出泡沫设防，阻止火势进一步向满载槽车和中间罐区蔓延，防止爆炸。13时20分，增援力量1辆大功率泡沫消防车、1辆20t泡沫原液补给车和10名消防指战员到达现场，分别在着火部位下风向的西侧、北侧增设2门大流量移动炮，遏制火势进一步蔓延，泡沫运输车则负责向前沿阵地供给泡沫；同时安排指战员对周围可燃气体和着火槽车罐体温度及其他临近设施不间断侦检，并向地沟内注入泡沫防爆。

3. 阵地前移，合力包围，扑灭明火

13时25分，在强大的泡沫覆盖下，现场火势得到遏制，着火区域面积也逐步缩小，指挥员立即命令各战斗车组转移阵地，把5门移动炮位置前移，进一步从四面对着火区域形成合围，13时31分，明火被彻底扑灭。

4. 冷却降温，持续检测，确保安全

13时39分，现场温度降至50℃以下，镇海炼化队组织攻坚组配合事故单位技术人员对现场槽车、装车台、地沟、储罐连接阀等重要部位逐一进行现场确认。13时46分，现场温度降至常温，可燃气体无超标，各阀门已完全切断，恢复安全。

5. 清点人员和器材，恢复执勤备战

13时53分，经与宁波市消防救援支队沟通，镇海炼化队停止战斗，开始撤离现场。

四、救援启示

（一）经验总结

① 加强第一出动，针对油罐、装置、槽车、危化库、管线等不同类型事故组建科学有效的化工战斗编成。

② 迅速侦察火情，与现场技术人员主动联系了解实情；现场测温、测爆、受火势威胁的临近设备，特别是比空气重的组分易爆泄漏，关注地沟的可燃气体浓度，设立警戒区域。

③ 加强个体防护，现场人员的空气呼吸器、防化服、隔热服、隔热头盔等能够规范佩戴，确保个人安全。

④ 充分利用高精尖的应急装备，消防无人机、红外测温仪、复合检测仪、固定移动侦检仪、远供系统、泡沫原液补给车，大跨度举高喷射消防车，大流量移动炮、二合一机器人等，对化工类事故处置非常有效实用。

⑤ 现场可燃气体的侦检、测温、测爆贯穿始终，与车间技术人员随时保持密切联系，了解工艺措施，有助于做出科学判断，采取有效应对措施。

（二）存在问题

① 第一出动力量不足，未派出泡沫原液补给车与第一出动力量一起出发，现场有泡沫供给不足的风险。

② 检测设备仪器携带数量不够充足，不能满足现场多方位多点位同时检测。

（三）改进建议

① 应对危化火灾爆炸事故时，应第一时间集结包含泡沫消防车、举高喷射消防车、泡沫原液补给车、充气车、远程供水系统等应急救援装备，以便于第一时间快速安全控制火势，扑救火灾。

② 队伍应多配置红外热成像仪、测温仪、复合气体检测仪等检测设备仪器，确保应急救援现场长时间持续性检测，帮助指挥员精准决策。